DVD 内容と使い方

付属のDVDには音声付きの動画が収録されています。この本で紹介されたご本人が登場し、つくり方、使い方などについてわかりやすく実演・解説していますので、ぜひともご覧ください。

DVDの

パート①

雑草を抑える モミガラマルチ

岡山市　赤木歳通さん

[関連記事 6 ページ]

6分　モミガラマルチ、実験、抑草以外の使い方

パート②

ブルーシートで簡単 軽い モミガラ堆肥づくり

福島県いわき市　東山広幸さん

[関連記事 22 ページ]

16分　モミガラ堆肥の効果、東山流モミガラ堆肥をつくる、発酵がストップした場合の再仕込み、マルチとしても使う、おまけ（生モミガラでタマネギ貯蔵）

パート③

保米缶で簡単 サラサラ くん炭づくり

宮城県登米市
白石二郎さん・吉子さん

[関連記事 32 ページ]

16分　白石さんのくん炭づくり、保米缶が手に入ったら、モミガラくん炭は万能資材

パート④

野菜もイネも丈夫に育つ モミ酢活用術

茨城県古河市　松沼憲治さん・忠夫さん、埼玉県鳩ケ谷市　加藤隆治さん

[関連記事 42, 45 ページ]

17分　松沼流カルシウム入りモミ酢づくり、カルシウム入りモミ酢の使い方、防除剤兼生育活性剤 ニンニク・トウガラシ入りモミ酢づくり、ホットプレートで強制気化

DVDの再生　付属の DVD をプレーヤーにセットするとメニュー画面が表示されます。

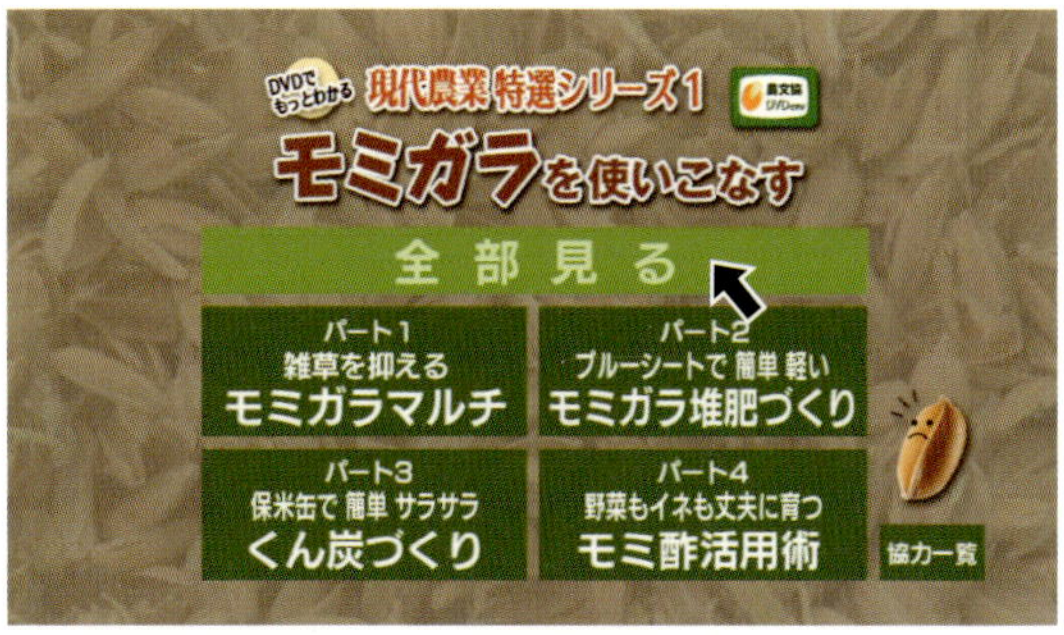

「全部見る」を選択。ボタンがうす緑色に

全部見る

「全部見る」を選ぶと、DVD に収録された動画（パート１〜４ 全55分）が最初から最後まで連続して再生されます。

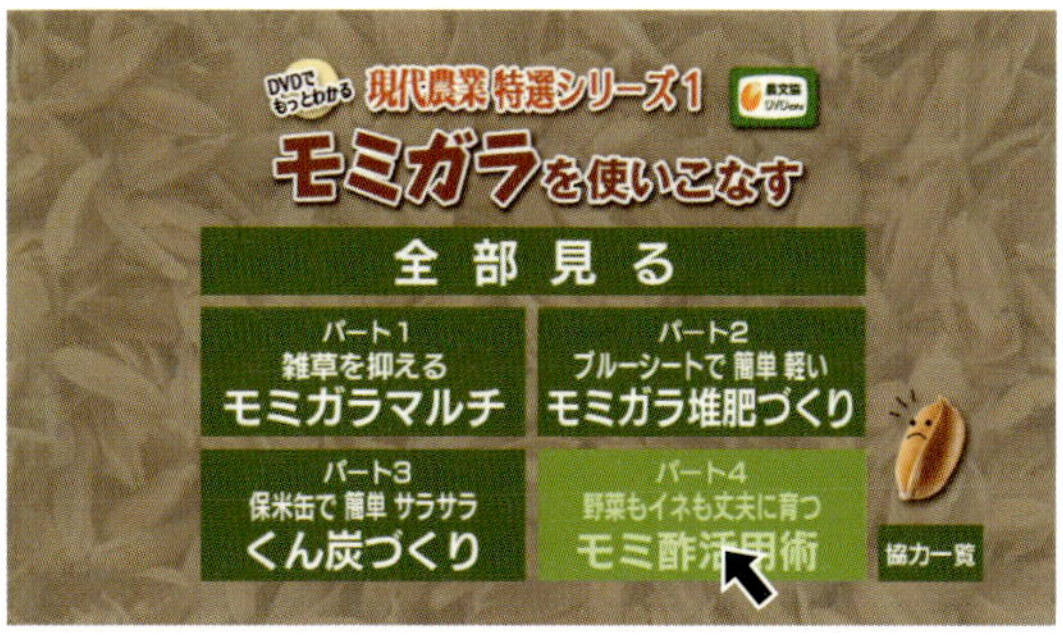

「パート4」を選択した場合

パートを選択して再生

パート１から４のボタンを選ぶと、そのパートのみが再生されます。

4：3 の画面の場合

※この DVD の映像はワイド画面（16：9 の横長）で収録されています。ワイド画面ではないテレビ（4：3 のブラウン管など）で再生する場合は、画面の上下が黒帯になります（レターボックス＝LB）。自動的にレターボックスにならない場合は、プレーヤーかテレビの画面切り替え操作を行なってください（詳細は機器の取扱説明書を参照ください）。

※パソコンで自動的にワイド画面にならない場合は、再生ソフトの「アスペクト比」で「16：9」を選択するなどの操作で切り替えができます（詳細はソフトのヘルプ等を参照ください）。

この DVD に関する問い合わせ窓口　**農文協 DVD 係：03-3585-1146**

モミガラを使いこなす

モミ酢で減農薬・無農薬

育苗にモミガラ

モミガラで土壌改良

目　次

5つの特長

① 軽い

育苗培土には欠かせない。
苗が軽くなって作業ラクラク

② 形がいい

独特の舟形。土や堆肥に混ぜても、
空気や水を保って、
通気性・排水性抜群に！

③ 分解しにくい

一見、欠点のようだが、舟形が崩れ
にくいことで②の効果が長持ちする

モミガラの

④ 安い

というか、ほとんどタダ。日本に稲作がある限り、毎年、自動的に生み出される地域資源

⑤ ケイ酸を多量に含む

ケイ酸を 20%近く含む身近な有機物はモミガラだけ。発酵させたりくん炭にしたりすることで、このケイ酸が作物に吸われやすい形になり、病気に強い作物をつくる

赤木流

どんどん入れよう
どんどん使おう

モミガラ徹底活用術

赤木歳通

イナワラは昔から、米俵をはじめ、わらじやむしろなど生活必需品として使われてきた。いまでも畜産や畳産業では大事な資材だが、かたやモミガラはじゃまもの扱いされる風潮がある。周囲でも山にして焼却している農家が多く、もったいない話だ。

曰く「腐りにくいから」「田んぼでガスが出てイネの害になる」「畑に入れると野菜ができなくなる」。知らないということはかわいそうなことだ。頭は生きているうちに使おうじゃないか。

風で飛ばない モミガラ＋米ヌカマルチの妙味

まずは、雑草を抑えるためのモミガラマルチ。私も、タマネギやニンニク、ワケギなどには分厚く振る。サトイモを畑で越冬させる保温材としても、モミガラを山盛りにしてやる。

このモミガラマルチ、振るには使い勝手がよいのだが、冬の強い西風で、一夜にしてマルハゲになることがある。そんなとき役立つのが、これまた処分に困る米ヌカだ。モミガラマルチの上に米ヌカを振っておけば、夜露で湿って表面は糊で固めたようになる。急いで固めたいなら、ジョロでさっと水をかけてやればよい。これで

筆者。サトイモの株元をモミガラと米ヌカでマルチ(肩の部分はポリマルチ)

草取りがうんと少なくなるし、生えても抜きやすい。

ちなみに、表面が板状になるから冬の追肥は難しい。私は元肥ですませておく。

困ったことには、エサのない冬のことだから、米ヌカを食べに鳥たちがやってくる。表面の「板」を食われたままにしておくと風で飛んでしまうので、また米ヌカを振っておく。

冬以外でも、畑のタネ播きが終わると、鎮圧後に必ずモミガラでマルチ。雨で叩かれるのを防ぐのと乾燥を防ぐのに一年中使っている。

モミガラで極太一本ネギ

モミガラを山盛りにする使い方でとっておきなのが、モミガラでの根深ネギ（一本ネギ）作りだ。ふつうは両側から土寄せして、白い部分を長く伸ばして商品価値を高める。土壌は砂がかった軽い土が理想だが、私はこれをモミガラでやってしまう。

春に育てた苗を条間二〇cm、株間一五cmで二条に定植しておき、基礎体格ができあがってきた八月ごろ、両側を高さ五〇cmほどの専用に作った板で囲ってやる。追肥の鶏糞をどっさり入れてからモミガラをかけ、生長点を埋めるくらいアップアップにしてやる。しばらくすると負けまいとネギは伸びてくるから、また上からかけてやる。これを四～五回繰り返すと、モミガラの厚さが板の高さに近くなる。

この時点までは、ネギは伸びることに専念しているから細い。しかし二カ月ほどそのままにしてやると、今度は太ってくる。熱燗の恋しいころには、直径三cmほどになって鍋にちょうどよい。

モミガラ＋米ヌカでマルチ

軽くかん水して3時間後。表面は、糊で固めたような板状になる

サトイモの株元に、まずモミガラを敷き詰める

その上に今度は米ヌカをサッと振りかけていく

板で囲ってモミガラどっさり。土寄せなしでも
白くて太くて甘〜い一本ネギができるぞ

二月になるとトウ立ちをそろそろ始めるが、じつはいちばんうまいのはヌメリが出てくるこのころなのだ。太いのは径が四㎝にもなり、細いダイコンと見間違うほど。ま、商品としての価値はないけど、びっくり野菜として喜んでもらえるぞ。

モミガラは、ドサッと入れるとネギを埋め込んでしまうので、面倒でもパラパラと雪が降るように振ってやることを心がけよう。

ガチガチの畑が手刀が入る土に変身

土壌改良にもモミガラだ。土が硬くて困るような畑には、まず一〇㎝の厚さに振ろう。以後は春と秋の年二回、五㎝ずつ。モミガラを振っては土に混ぜ込むのを二年も続ければ、ガチガチだった土も見違えてくるぞ。

なお、たくさんのモミガラを土に入れるときは、いっしょにチッソを振ってやる必要がある。モミガラは炭素率（★1）が高いからだ。といっても、私は鶏糞を適当に振ってやるだけだけどね。これに、モミガラくん炭も加えてやれば極上の土になってくる。

やがて、手刀が指先からまっすぐに土の中に入りだす。ここまでくるとしめたもので、砕土する苦労はなくなり、鍬で軽く起こせばもうバラバラになっている。ツルハシがほしくなるようなマサ土のガチガチ通路でも、モミガラをドンと入れてやれば、即座に畑に変身するほどだ。できれば野積みして十分吸水したモミガラがよい。

ことば解説

★1）**炭素率**＝有機物などに含まれている炭素（C）量とチッソ（N）量の比率。C/N比ともいう

★2）**チッソ飢餓**＝炭素の多い（炭素率の高い）有機物を土に施すことでチッソが微生物に取り込まれ、作物の利用できるチッソが少なくなって生育が悪くなる現象

チッソの効き過ぎ防止にモミガラ

畑での特殊な使い方としては、炭素率が高いのを利用して、土の肥料分を薄めることができる。たとえば、トマトに肥料が過ぎると樹が暴れて実がとれないだろう。前作の肥料分が大量に残っているようなときモミガラを入れると、余分なチッソを吸収してくれるのでトマトはすこやかに育つ。これはサツマイモにも応用できる。

モミガラは炭素が多くてチッソ成分が少ない。多量に入れるとチッソ飢餓（★2）を起こす。そして腐りにくく永く姿を保つ――こういう性質さえ知っておけば、じゃまものどころか、他人にくれてやるのも惜しい宝の山に見えてくる。炭素が多くて腐りにくい性質を逆手にとって利用しよう。

田んぼの最強土改材、三年続けたらフカフカ土

もちろん、田んぼにもどんどん入れよう。粘土質の田んぼには振るのではなく、「移す」ような気持ちで生のモミガラをぶちまける。砂を客土したような効果があるぞ。

モミガラがたくさん出るのは秋だ。なるべく早いうちに入れて、地力チッソで腐らせておけば、土とよくなじむし、なにより田植えのとき浮きにくくなる。

田んぼに秋に入れるなら、一反に二町歩分くらいは生モミガラだけでなんてことはない。万一、チッソ飢餓が起きたら、そのとき対処すればいい。イネを植えて一〇日たっても色が出なかったら何かチッソ肥料を振ったほうがいい。モミガラのせいで生育停滞するほどまっ黄色にしてはいけない。

土改材なんて、金かけて一〇年入れても何ひとつ変わらなかったが、モミガラは三年入れたらフカフカ土に変身してくるぞ。田起こしする前に足で踏んでみよう。フワフワと弾力がついてくるのがわかる。まさに最強の土壌改良資材だ。

モミガラ堆肥をつくろう

家畜糞と混ぜて発酵させれば最高の堆肥になる。だがこれは、何も牛や豚に限った話ではない。人間のだってモミガラと混ぜてやればよい。水洗で流すことだけが「豊かな暮らし」ではないよ。

モミガラ堆肥をつくるときは、まず、ブロックや板で囲んだ一辺が四mほどの枠の中に、上を平らに均した高さ五〇cm以上のモミガラの山をつくり、ここに家畜糞や人糞をぶちまける。新しいモミガラでは、タネ菌が少ないから糞尿の分解に手間取る。そんなときは前もって米ヌカを多めに振って混ぜておこう。微生物が腹をすかしてエサを待っている状態になるから、ぶちまけてからの調子がいい。

そのままではにおうので、終わったら全体に水をくれてやる。人間のでやったときに、固形物が見えていれば、圧のかかった水で砕いてやればモミガラの中に浸透する。夏なら、五日もすると何事もなかったかのようになる。そのまま二カ月ぐらい放置してから使おう。

畑にどんどんモミガラ

鶏糞といっしょにモミガラを入れ続けてきた畑はこのとおり。ガチガチのマサ土の畑が、手刀がまっすぐ入るほど軟らかくなった（倉持正実撮影）

においがどうしても気になるときは、食酢か木酢液を薄めてジョロでさっとかけてやればいい。酢酸とアンモニアがたちどころに中和してにおわなくなる。

ちなみに昔は、エッサホイサの純生を畑に掘った溝に入れたり、野つぼにしばらく置いたあと、薄めて野菜の頭からかけたりしたものだ。私もよくやらされた。

さらにその昔、循環型社会のしくみがみごとにできていたころは、わが家の近くの河口に神戸からの船が着いていた。人呼んで「クソ船」。農家は一荷（肥たご二杯）単位で買っていた。あるとき、その積み荷のなかにシッコした奴がいて、船の親方にこっぴどく叱られたそうな。「大事な積み荷にションベンかけるんじゃねぇ」と。なかなか見あげた心意気だ。

買い手の元締めもこれまたたいしたもので、積み荷を明石海峡の水で薄めていないか指で舐めて味見をしたそうな。ゲッ！　つわものだねぇ。

古老から聞いた遠い昔の話だ。でも、そのころって子どものアレルギーなんてなかったんだよね。

鳥害・チュウ害にモミ酢

それからくん炭とモミ酢。モミガラ袋に入れて五〇袋分ほどのくん炭を毎年作っている。これから採れるモミ酢液が八〇ℓ。ネズミ避け、ニオイ消し、イネの苗や野菜には病気予防や虫避けに。原液のまま草にかければ殺草効果がある。

モミ酢液のおもしろい使い方をひとつだけ紹介しよう。五〇〇㎖のペットボトル側面の上のほうにV字型の切れ込みを入れる。一辺五㎝ぐらいかな。尖った下の部分を外側に引き出すと、三角のひさしの付いた窓になるだろう。それに、飲み口の首の部分に針金を巻いて引っかけを作る。

このペットボトルにモミ酢液を入れてふたをし、果樹に吊るせばカラスやヒヨドリが来なくなる。どちら向きの風が吹いてもいいように全体に吊るしておく。液は蒸発するのでときどき補充すること。私の友人は、モモやブドウを鳥害から守るのにこうやっている。

このペットボトル、保管中のコンバインのあちらこちらに吊るしておけば、ネズミのチュウ害を防げるぞ。一〇本も吊るせば大丈夫だが、ふだん見えないから液の補充を忘れないように。大事なことは、機械を使用する前に、吊るした数だけ取り出したことを必ず確認すること。それを怠ったらあとは知ーらないっと。

くん炭も入れてダブル土作り

くん炭も、モミガラとはまた違った意味でいい。専門的には、くん炭が有益菌のすみかになって、畑の微生物相が好ましいほうに進むらしい。炭素の吸着作用で、土中の有害物質なんかも吸い取ってくれると思う。

農家の私にとって体感できるのは、フワフワ土になって根の伸びが違ってくることだ。見た目にも黒ずんで、いかにも肥沃になったと感じる。モミガラで物理的に土を改善し、くん炭で微生物を味方につける。こんなダブル土作りをおすすめする。

どうだい？　モミガラはもう誰にもやらない、燃やさない、と思うようになったかな。

（自然を愛し環境を考える百姓　岡山県岡山市）

＊二〇〇五年十一月号「赤木流モミガラ徹底活用術」

1辺5cmくらいの切り込みをV字型に入れてひさしをつくる
500mlのペットボトル
モミ酢

鳥害・チュウ害よけにモミ酢

モミガラは どのくらいとれる？ どう使われている？

モミガラは、日本に稲作がある限り、毎年必ずとれる無尽蔵の資源。これを有効活用しない手はない。

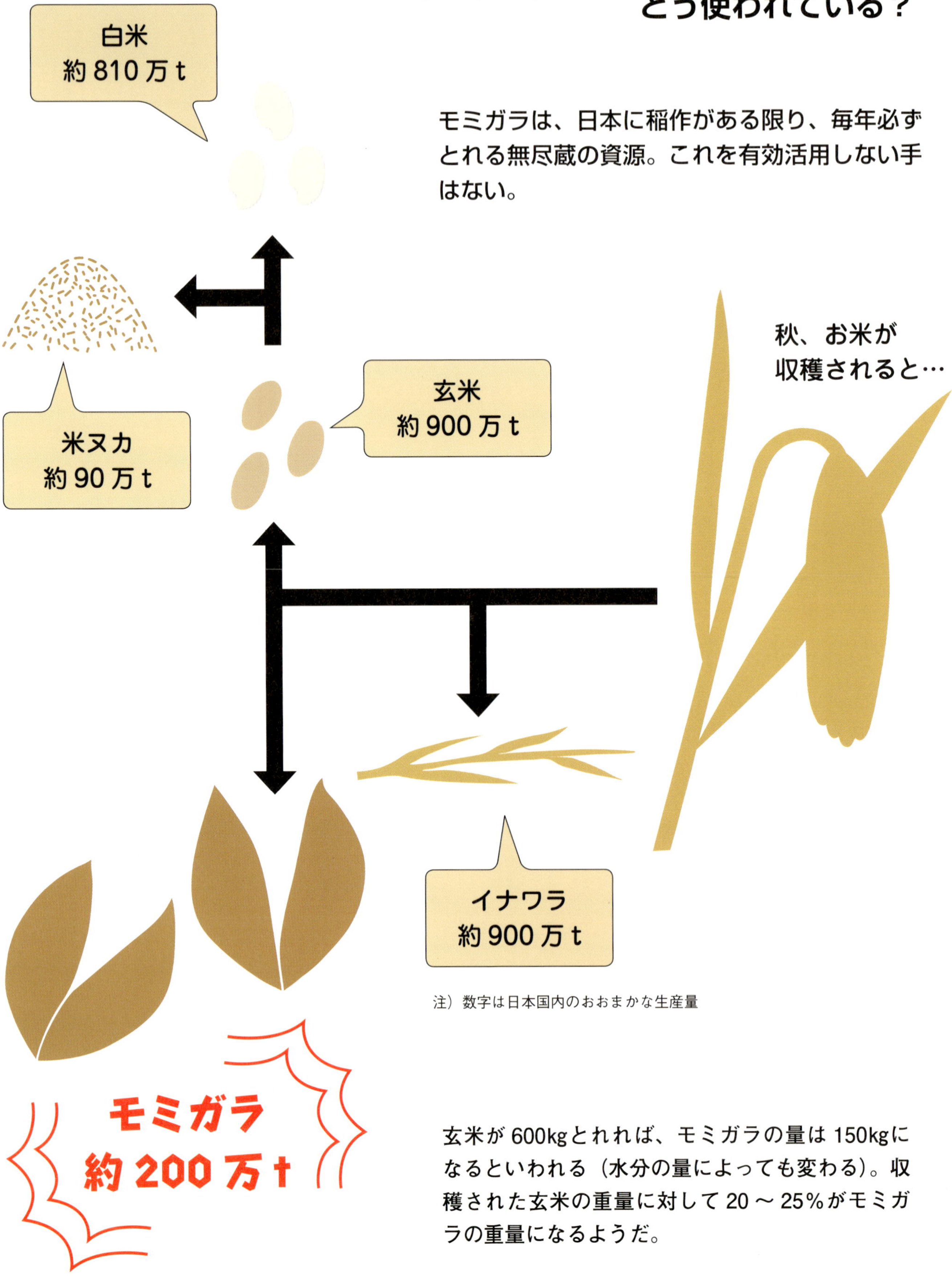

注）数字は日本国内のおおまかな生産量

玄米が 600kgとれれば、モミガラの量は 150kgになるといわれる（水分の量によっても変わる）。収穫された玄米の重量に対して 20 ～ 25%がモミガラの重量になるようだ。

モミガラの利用状況

用　途	利用量（万 t）	利用率（%）
マルチ	11	5
床土代替	8	4
暗渠資材	16	8
畜舎敷料	43	21
堆肥	45	22
くん炭	9	4
燃料	2	1
焼却	29	14
その他不明	45	22
合計	208	100※

（NEDO バイオマス賦存量・利用可能量の推計より）
※小数点以下は四捨五入のため合計が 100 にならない

現状では敷料や堆肥によく使われているようだが、これからもっと有効利用できそうなモミガラが 37%（燃料・焼却・その他不明）もある。

稲作農家なら自分の田んぼからモミガラがとれるが、そうでなければ、農協（JA）のカントリーエレベータやライスセンターなどにあたってみるといいだろう。最近は、直売所でくん炭や生のモミガラを売っているところもある。

モミガラのパワーに迫る

モミガラはタネである玄米を守る硬い殻。この形と含まれる成分が作物を栽培するのに大いに役立つ。

モミガラの表面を拡大してみると…

小さい山がスジ状に連なっている。この上表皮の細胞壁にケイ酸が沈着しているという（白く見えるところか？）

モミガラの組成（%）

水分	8.04	
脂肪	0.2	
ペントサン	16.0	食物繊維
リグニン	20.3	食物繊維
セルロース	31.8	食物繊維
ケイ酸	16.9	
灰分	0.8	
その他	5.96	

（チッソは約 0.5%）

硬さのヒミツはケイ酸

（他の植物体にくらべ段違いに多い）

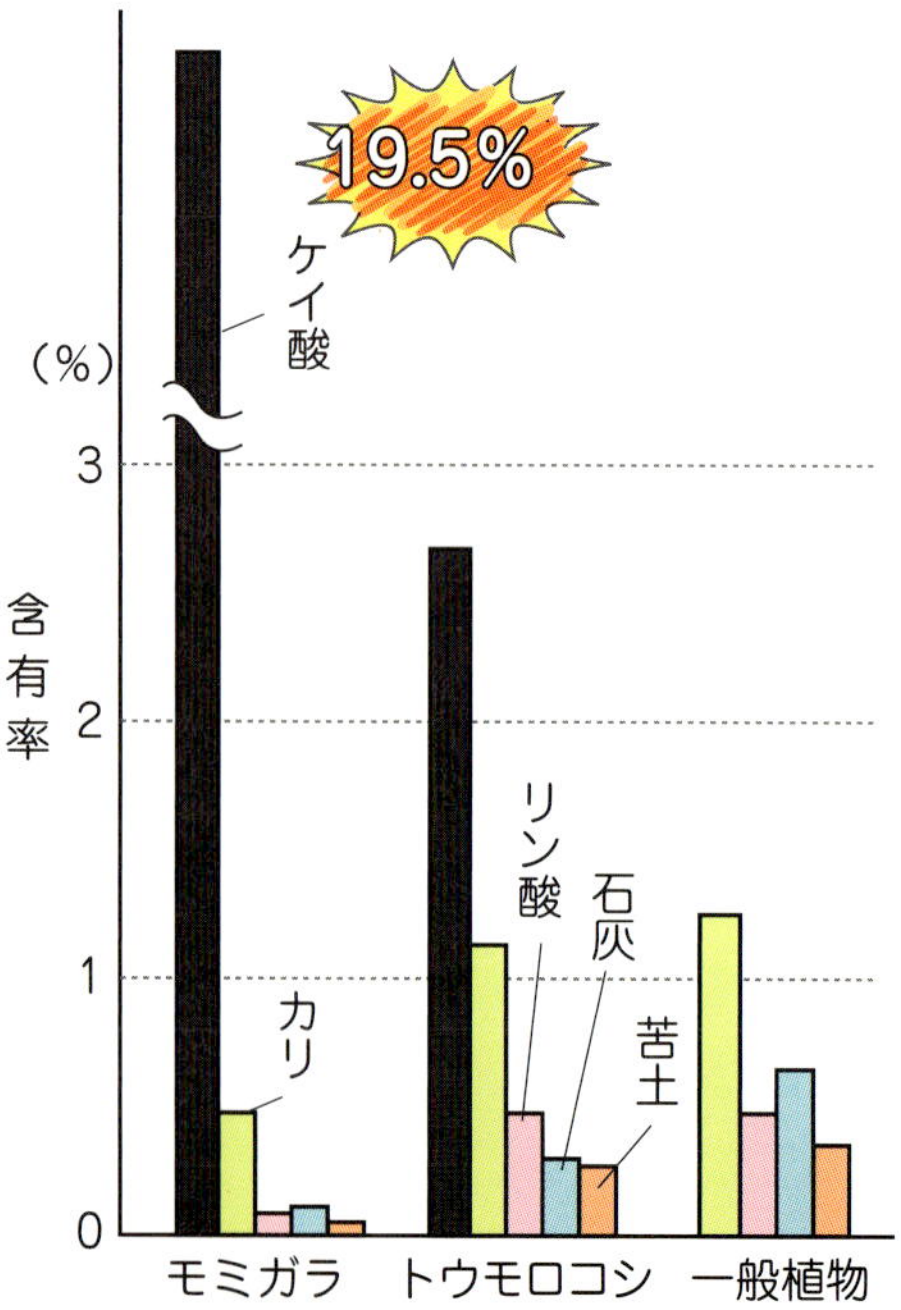

（伊藤純雄氏調査、41ページ）

モミガラの断面を拡大してみると…

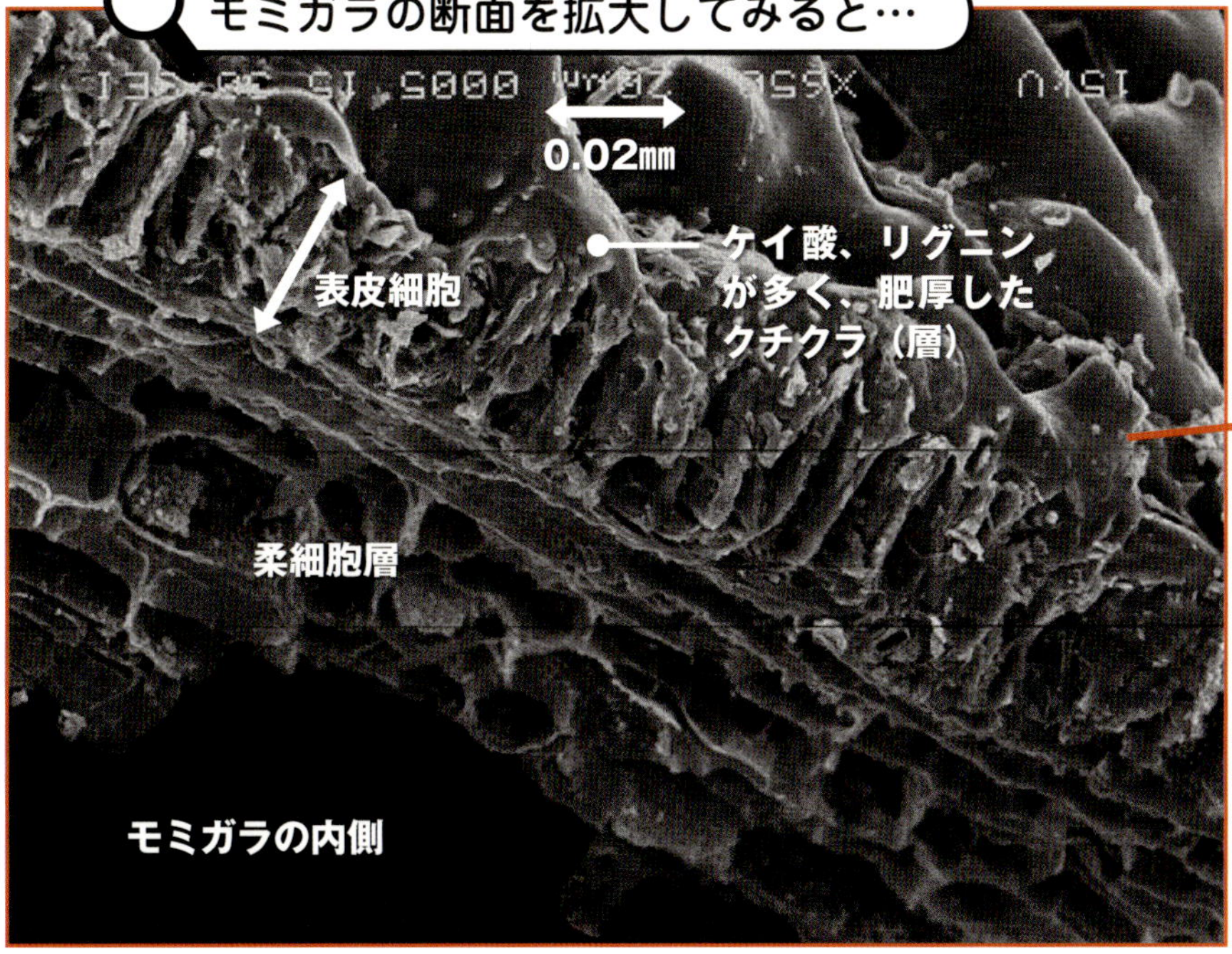

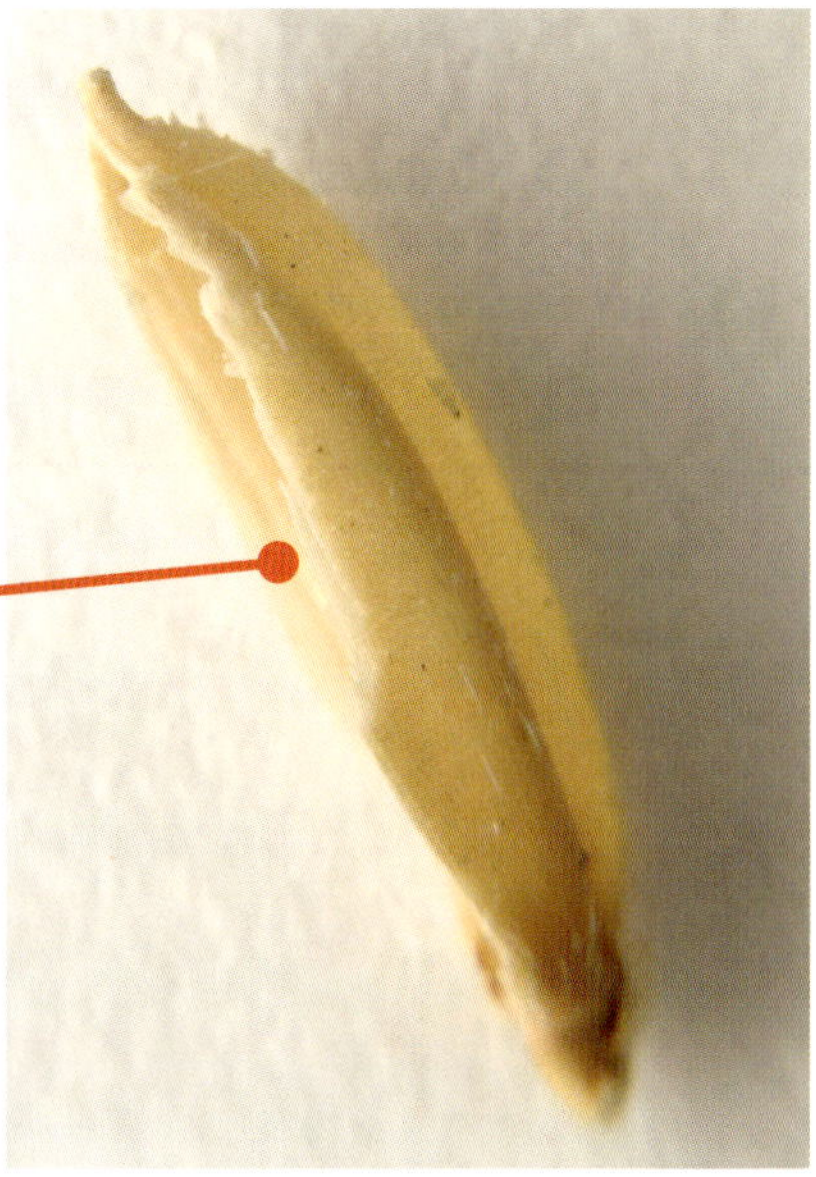

クチクラとは、表皮細胞の細胞壁が肥厚したもの。ここにケイ酸がリグニンとともに食い込むように結びついて硬い外皮をつくっている（原弘道さん提供、30ページ参照）

モミガラをそのまま利用

モミガラは独特の舟形で水や空気を保持する。水をはじきやすい性質があるが、時間がたつと吸水して組織内にも水分を保つ

生モミガラの効用

- 粘土・砂地の通気性・保水性改善
- 堆肥・ボカシ肥に混ぜて好気発酵を促進
- 保温材・断熱材

重粘土をモミガラで土壌改良

米しかつくれなかったガチガチの土が、生モミガラを混ぜることで野菜をつくれるフカフカの土になった（黒澤義教撮影、52ページ）

野積みすればなお安心

左は２年、右は３年たったもの。茨城県の原秀吉さん（56ページ）は砂地の土壌改良に２～３年野積みしたモミガラを入れる（赤松富仁撮影）

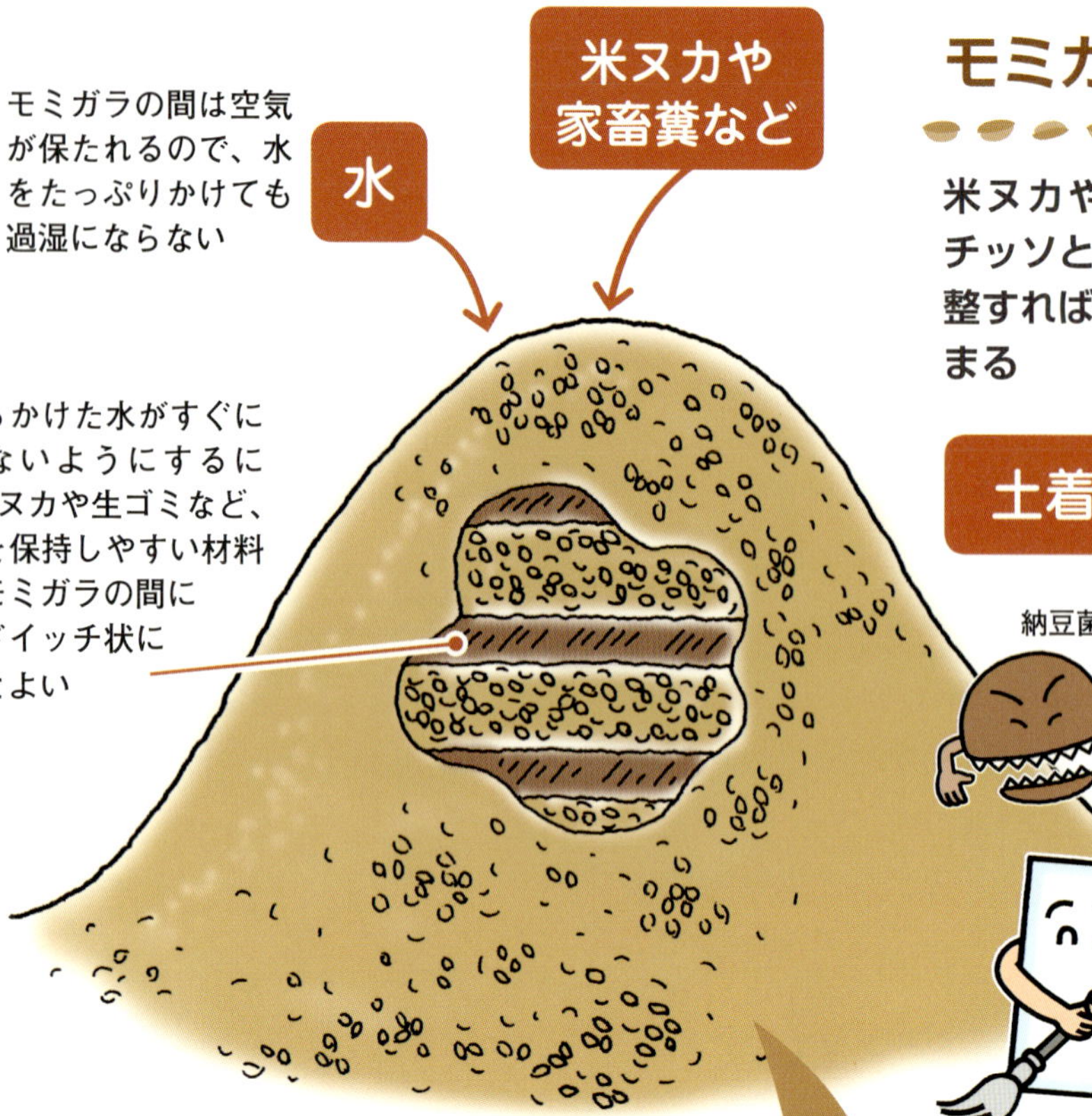
上からかけた水がすぐに抜けないようにするには、米ヌカや生ゴミなど、水分を保持しやすい材料を、モミガラの間にサンドイッチ状に積むとよい

モミガラを発酵させて利用

米ヌカや家畜糞などをモミガラに加え、チッソと炭素の割合（C/N比）、水分を調整すれば、土着菌が働いて自然に発酵が始まる

土着菌 その場所や有機物にすみついている自然の微生物

こうじ菌
乳酸菌

硬いモミガラの分解にとくに働くのが納豆菌や枯草菌、もともとモミガラのまわりにひっそりと付着しているが、米ヌカや家畜糞をエサに本領を発揮

モミガラ堆肥の効用

- 土の通気性・保水性を改善
- 育苗培土に
- ケイ酸が効く（クチクラ層から溶け出す）
- その他の成分（生長促進物質など、29ページ）

モミガラ＋豚のスラリー堆肥

豚の糞尿の混合物であるスラリーをモミガラにかけるだけで好気発酵が始まり、80度近くまで温度上昇。この堆肥を入れるだけで、果菜類や果樹の収量アップ、花の色がきれいになるなどの効果が現れる（五十嵐修さん、28ページ）

モミガラ＋米ヌカ・生ゴミ堆肥

育苗培土に、あるいは畑の肥料としても使える万能選手（東山広幸さん、22ページ）

くん炭にすると、モミガラにたくさん含まれるケイ酸が作物に吸われやすい形になる（41ページ）

くん炭・モミ酢を利用

もう一つ、用途が広がるのがくん炭にして使う方法だ

モミガラくん炭の効用

- 土の通気性・保水性改善
- 育苗培土に
- 有用微生物のすみか
- ケイ酸が効く
- モミ酢がとれる

苗が軽い！

千葉・中富生産組合の床土をくん炭100％にしたイネの苗。根張りも良好（倉持正実撮影、49ページ）

驚異の根張り促進効果

愛知・水口文夫さんの実験。カボチャ苗の底に炭を入れると、炭の部分に伸びた根は急にそこから枝分かれする（赤松富仁撮影、右も）

洗い出してみると、炭のあったあたりから根がモワッと分岐している

堆肥・発酵モミガラで使う

近藤近さんが
お気に入りのモミガラ堆肥

サンドイッチ方式で簡単

83歳、モミガラ堆肥の日々

長野市・近藤 近《ちかし》さん

秋、近所でイネ刈りがはじまると、
長野市の近藤近さんはいてもたってもいられなくなるという。
自分も早くイネを刈らねばと焦っているわけではない。
じつはモミガラを“狙っている”のだ。
もうかれこれ10年来、モミガラをもらいにライスセンターに通い続けている。
しかも9月中旬～10月中旬の毎日！

八三歳、モミガラ堆肥がいちばんラク

「モミガラもらうのは、早いもの勝ちだからな。晩酌してぐっすり眠って、朝四時に行く。しかも、軽トラの荷台は高さ一mぐらいの枠で囲って、それで一日に二往復も三往復もするんだ。まったく、欲でやってるようなもんだ」

「欲」とは、その大量のモミガラで堆肥をつくること。できた堆肥はモモ農家の近藤さんにとって、なくてはならないものなのだ。

もともと近藤さんは、畑が粘土質ということもあって、堆肥の投入には積極的だった。牛糞や豚糞などの家畜糞にはじまり、ワラ堆肥、雑草堆肥、落ち葉堆肥……、身の回りにあるものなら片っ端から試してみた。ところが……。

「家畜はやめちまっただろ。

ワラはそのままじゃ分解しにくいから、カッターで切らないとダメ。手間だろ。

雑草は発酵ムラができやすいから、形が崩れるところとそうでないところがある。分解してない長い繊維ほど運びづらいもんはない。

落ち葉はオラひとりでほうぼうから集めるのはムリだから人を頼むんだけど、落ち葉と一緒に石ころまでついてくるんで困ったもんだ。それに落ち葉はフォーク（スコップ）の先に刺さるんで、それをいちいち足でこそぎ落として……、面倒だったなあ」

そんなわけで近藤さん、数ある有機物の中でも、特にモミガラがお気に入りなのだ。モミガラなら近くにいっぱいあるし、運ぶのも、積むのも、堆肥化したものを散らすのも、ことごとくラク。八三歳になる身にしてみれば、大助かりである。

切り返し不要、モミガラと生ゴミをサンドイッチにするだけ

しかも、近藤さんはモミガラを堆肥にするのに、ほとんど手をかけていない。知り合いの農家はよく「堆肥をつくるズクがない（手間がない）」「モミガラは腐りにくいから使いたくない」なんていうのだが、どっこい近藤さんの堆肥づくりときたら、モミガラと生ゴミをサンドイッチにするだけなのだ。

やり方はまず、畑の隅に溜めておいたモミガラの一部と米ヌカを混ぜて発酵床をつくっておく。その上に三カ所のスーパーから集めてきた魚のアラや野菜クズをドサッとぶちまけ、モミガラでフタ。翌日も、その上から生ゴミ、またモミガラでフタ。これを生ゴミをもらいにいく十一月から三月まで毎日繰り返す。

「切り返しをするかって？　そんな手間

軽いモミガラ堆肥は運ぶのも積むのもラクで大助かり

ねえからやってねえ。オラの堆肥づくりは、歳いってもぜんぜん苦にならない方法だ！」

舟形だから、水分が多いものと相性がいい

こんなに手順が単純なのに、入れた生ゴミは一週間もすると、フニャフニャ薄くなり、「ゆだってるようになるんだ」。魚は蹴るとボロッと身がこぼれる。いっぽうのモミガラは、黒みがかって、やがて「かたなしになってくる」。つまり、あんなに分解しづらかったモミガラの形も崩れだすのだ。

「魚のアラや野菜クズはそのままだと水分が多すぎて絶対ダメ。放っておくと、腐ってにおって、人に迷惑をかけるだろ。だけど、モミガラと一緒に積むようになってからは、くさいわーっていう人もいなくなった……。モミガラの空間がいいんだろうな。ビチャビチャのアラでもうまい具合に水分が調節される。通気性もいいから、発酵に失敗がない」

まさしくこれが舟形をしたモミガラの長所。窪みには水分も空気も溜め込めるので、好気発酵の絶好の場面が整うのだ。微生物もモミガラの隙間に好んですみ着き、生ゴミのチッソ分をエサに勢いよく働いてくれるようだ。その証拠に生ゴミを分解するときの温度を測ってみると、八四度にもなっていた。

「よく人から、どんな菌を使ってるんだ、と聞かれるから、オラは『タダの菌』を使ってると答えるんだ。菌なんてどこにでもいるわけだから、買うもんか。なにしろオラは、鼻水出すのももったいないと感じるし、日が暮れるのを見るのもなんだか損した気持ちになる、欲深い人間で有名だからな。ガッハッハ」

モモ畑がフカフカだ！モミガラ堆肥マルチ

モミガラ堆肥は積んでから三カ月ほどで使えるようになるので、近藤さんは春先できた分を順次畑に入れたり、そのまま積んでおき、秋に運搬車で入れたりしている。

「ここらへんではモモの樹のまわりにだけワラを敷く人が多いが、水もちのことを考えるなら畑一面にやったほうがいいに決まってる。細かい根はあちこちにあるからな。

それから、秋になると土をフカフカにするために、トラクタや管理機で畑を起こす人もあるけど、オラは根を切るのがイヤだし、ミミズも殺したくないから耕

近藤さんのモミガラ堆肥のつくり方

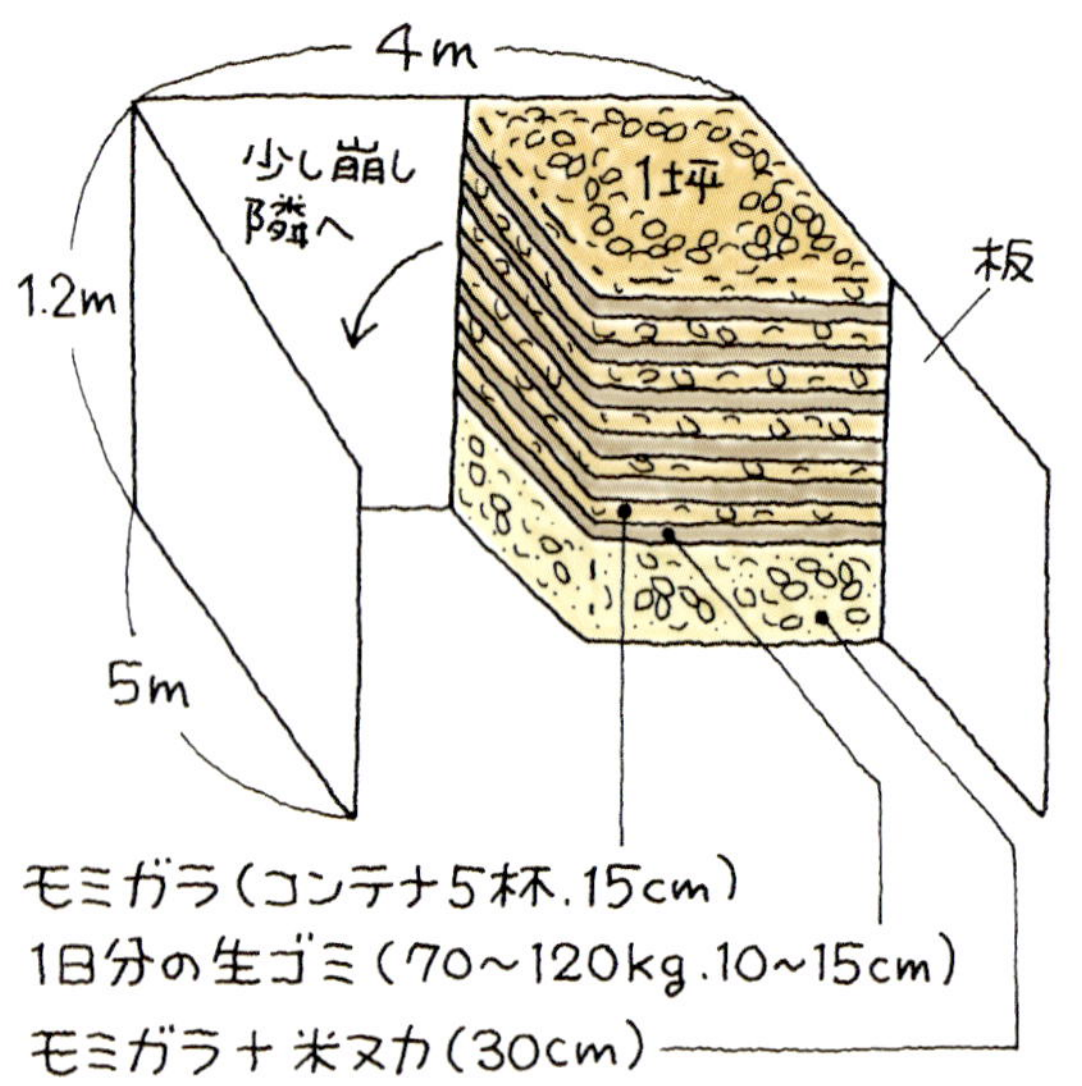

板の枠で囲った一部分に、モミガラを30cmほど積み、米ヌカ15kgと混ぜておく（米ヌカを使うのは最初だけ）。1日分の生ゴミをその上に置き、モミガラでフタ。さらに獣に食われないようにトタンなどを被せておく。毎日繰り返して、サンドイッチ状に積んでいく。

モミガラと生ゴミが枠の上まできたら少し崩し、そこにまた生ゴミとモミガラを積んでいく。枠のスペースが満杯になるまで繰り返す。近藤さんは畑ごとにこの枠をつくっており、合計3カ所ある。

たわわに実ったモモ（松村昭宏撮影）

さない」

だから近藤さんはモミガラ堆肥を、なんとモモ畑全面（合計約二五ａ）に施している。おまけに耕しもしないので、いうなれば「モミガラ堆肥マルチ」。その厚さ、じつに五～一〇㎝にもなる。しかも毎年のことだから、今や近藤さんの畑は隣と比べて全体がこんもりと盛り上がっているほどである。

おかげで、畑をちょっと掘ればミミズがウヨウヨ。狙い通りである。また、モミガラ堆肥の下は水分を保って乾かないので、夏でもかん水が一回きりですむようになった。反対に激しい夕立が来ても、水溜まりにならないぐらい水はけがいい。

もちろん一番の変化は、畑のフカフカである。「収穫中に誤ってモモを地面に落としても、傷まないんだ」

肥料はほとんど買わない、モミガラ堆肥栽培

さらに驚きなのは、近藤さん、買う肥料といったら硫酸マグネシウムと硫酸カルシウムぐらいで、あとはみんなこのモミガラ堆肥でまかなってしまうのだ。しかも大玉の実を一本の樹に一〇〇〇個もつけるもんだから、袋がけや収穫の手伝いに来た人たちもたまげてしまうという。それでもちゃんと色もつくし、味もいいのだ。熟期が遅れることもない。

「七月～八月が曇天と雨続きで、糖度も一二度止まりの人が多かった年でも、オラのところでは一七度のモモがちゃんととれた。やっぱり堆肥を入れているからだと思う」

ホウレンソウは午前中で完売

近藤さんは、自家野菜づくりでも元肥・追肥ともほとんどがモミガラ堆肥。ジャガイモは四年連作しても大きなイモがゴロゴロとれたし、ホウレンソウは甘みが違う。

「直売所にホウレンソウを六〇～七〇把持って行っても、一人で三把も四把も買う人がいるから、お昼までに全部なくなっちまう。店長からは、『夕方まで残したいから、もっと持ってきてくれ』って頼まれるんだ」

また、タマネギやネギの苗床にモミガラ堆肥を混ぜておけば、目に見えて、細根がギッシリ大量に出る。定植してからも活着がすごくいいのだ。

「オラんちの畑ではなんにでもモミガラ堆肥。これに勝る肥料はないからな」

＊二〇〇九年十一月号「サンドイッチ方式で簡単　モモ鈴なり！83歳、モミガラ堆肥の日々」　編

畑の“万能選手”
モミガラ米ヌカ堆肥のつくり方

福島県いわき市・東山広幸さん

　硬くて水をはじいて、なかなか堆肥にはしにくいイメージのモミガラを簡単に堆肥化できるというのは東山広幸さんも同じ。「モミガラと米ヌカなしに、百姓はできない」という東山さんが惚れ込んだ万能の資材が、手作りのモミガラ堆肥なのだ。

　北海道出身、すべて借地、点在する田畑を転々と移動しながらの「じぷしい農園」園主は、「無農薬・無化学肥料・無畜糞栽培」を志向して、多品目の野菜と米を得意先に届けて生計を立てている。

大量の米ヌカで水分保持

　モミガラは地元のライスセンターからもらい受け、袋に詰めて秋に軽トラで大量に運ぶ。狭い農道の崖下に、袋から開けて落とし、野積みして上からネットを掛けてためてある。

　モミガラ堆肥をつくるのは冬から春にかけてだ。野積みしているあいだにモミガラが湿ってくればいいが、最初はまだ新鮮。乾いたモミガラ、水をはじくモミガラを使うときはどうするのか。

「もちろん、しっかり水を掛けます。積み終わってから掛けても、ほとんどしみ込みませんから、掛けながら積みます。ただ、水分状態に関しては、それほど気をつける必要はなく、よほどの乾燥状態でなければ間違いなく発酵は始まります。また、水を掛けすぎても、下に流れ落ちるだけで、過湿にはなりません」

　モミガラ自体はすぐには水を吸わなくても発酵が始まるのは、材料を積んだ山全体をブルーシートで覆うことと米ヌカのおかげだ。東山さんは、ひと山、一回分の仕込みに一五袋の米ヌカ（約二四〇kg）を使う。この米ヌカは市街地のコイン精米所二カ所から分けてもらう。詰める袋はこっちから届けて、一袋が七〇円と安い。一五袋でも一〇〇〇円程度だ。

「米ヌカをモミガラの上に乗っけて、あとは混ぜるだけ。ガサ（容量）はモミガラが圧倒的だが、重さからすると米ヌカのほうが多いでしょう」

　その按配は、経験を積むしかないとのこと。

早期完成には切り返しが決め手

　寒い冬場でも、材料を積んで四〜五日すると発酵温度は七〇度近くなる。すると水分は、山の中心から外（上）へ向かい、シートの裏側に集まって、材料を積

東山広幸さん

モミガラ堆肥の切り返し。軽いので手作業でもラクラク

んだ山の中心部はカラカラ、外側だけが湿った状態。このままでは中の発酵が止まり、分解が進まない。

　そこで一回目の切り返しをして水分を調整。すると、こうじカビがつくった糖で乳酸菌が一気に殖え、甘酸っぱい、おいしそうなにおいになる。

　このモミガラ堆肥を早くつくりたいなら、切り返しをこまめに（三〜四日に一回）。そうすれば二〇日で、施せる堆肥になるという。

「大事なのは、全体の水分を、いかにちょうどいい状態に長い時間保つか。そのために切り返しをするということです」

右がモミガラ堆肥の仕上がり状態。モミガラのとげとげした感じがない。ケイ酸など含まれる成分もよく効きそう。左は発酵途中

分解が不十分なら「再仕込み」も簡単

　しかし忙しいと、切り返しもマメにはできない。温度が下がったまま放置したものは「再仕込み」するといい。再仕込みは、温度が下がってから、モミガラの分解をさらに進めたいとき、堆肥の肥料効果をさらに高めたいときにも行なう。要は、再度米ヌカを追加し（最初の仕込みの三分の一くらいの量）、切り返して水分を調整するだけのことだ。

　ちなみに、東山さんのモミガラ堆肥の仕上がりの目安は、発酵が収まり、米ヌカがしっかり分解して形がみえなくなること。モミガラは黒く柔らかくなり、とげとげしさがなくなる。

　モミガラ堆肥は多品目栽培に欠かせない。以前はこの堆肥だけで野菜を栽培していた時期もあった。今でも春のダイコンやニンジンはモミガラ堆肥だけで栽培するし、寒い時期で生のコヤシが効きにくいときも速効性の肥料として活用する。ニラなどの草よけ・泥はねよけのマルチ資材としても有用で、もちろんついでに追肥にもなる。東山さんの経営を支える「万能選手」だそうだ。

＊二〇一〇年十月号「畑の〝万能選手〟モミガラ堆肥のつくり方」 編

米ヌカマルチで簡単モミガラ堆肥

　有機栽培のための資材の販売・指導をするエフデック（佐賀県鹿島市）の井上和裕さんが勧めるモミガラ堆肥のつくり方は下図のとおり。秋に、米ヌカを混ぜたモミガラを積んで放っておけばいい（シートで覆わない、切り返しはしなくてもよい）。米ヌカの膜で全体を覆うことで、だんだんに全体に水がなじんでいく。気温がある程度高ければ1～2カ月で完成だ。

　といっても、このモミガラ堆肥は、茶色く湿って半分分解したくらいの状態でよしとする。モミガラどうしは微生物の働きでくっついて塊になっている。モミガラのカサカサした感じが残っていたほうが土壌改良には効果的だそうだ。

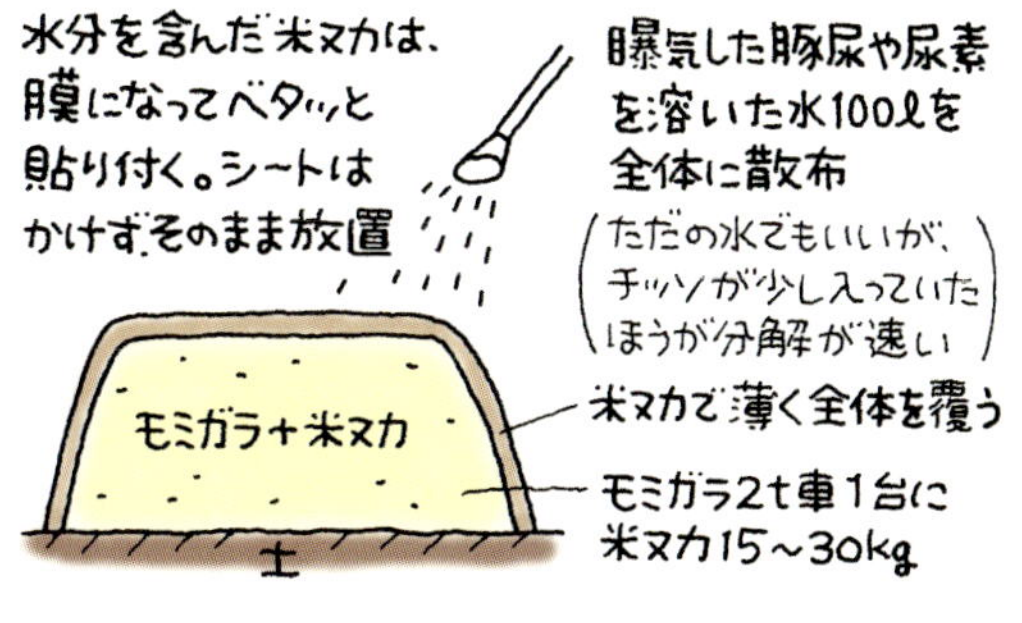
水分を含んだ米ヌカは、膜になってベタッと貼り付く。シートはかけずそのまま放置
曝気した豚尿や尿素を溶いた水100ℓを全体に散布
ただの水でもいいが、チッソが少し入っていたほうが分解が速い
米ヌカで薄く全体を覆う
モミガラ＋米ヌカ
モミガラ2t車1台に米ヌカ15～30kg
土

石灰水でも簡単モミガラ堆肥

福島県喜多方市・芳賀耕平さん

　芳賀耕平さんは、一町二反でアスパラを栽培している。アスパラは完熟堆肥がたっぷり必要な作物。六年前まではイナワラで堆肥をつくっていたが、アスパラの面積が増えるにつれて材料が足りなくなってきた。そこで目をつけたのがモミガラ。形が崩れないモミガラ堆肥なら、粘土質が強い水田転換畑の物理性も改善してくれそうだ。

　自分の田んぼから出るモミガラだけでは足りなかったので、近所で大きく田んぼをやっている農家に声をかけてみると、「処分に困っていた」と、大喜びで、一四町分のモミガラを提供してくれた。

　長年堆肥づくりをしてきた芳賀さん、「モミガラ堆肥もお手の物」のはずだったが、イナワラと違ってモミガラはなかなか水を含まない。発酵がうまく進まず温度も上がらない。モミガラを使うようになって、いまいちの堆肥しかできなくなった。

　そんなとき目にとまったのが本誌の記事「石灰水でモミガラが吸水しやすくなる」（下のカコミ）。さっそく材料を混ぜながら消石灰の四〇〇倍液を奥さんにかけてもらった。すると下からしみ出す水がいつもより少ない！

　二週間後、最初に切り返した瞬間に「大成功」を直感したという。充分な発酵熱で、切り返すたびにモウモウと水蒸気が上がりちっとも前が見えない。水をかける手間を削るため、雨降りの日を選んで切り返したのもよかった。一度も水を加えずに、四回の切り返しを完了した。

　こうしてできたモミガラ堆肥は、いやなニオイもしないし、水不足で焼け肥になっているふうでもない、「今までで一番の出来」というみごとな完熟堆肥。視察に来た新潟の農家が驚いて、仲間に見せるんだといって持ち帰っていったくらいだ。

＊二〇〇九年十一月号「石灰水で簡単アスパラのモミガラ堆肥、『温度が上がらない』が解決」

編

石灰水をかけてつくったモミガラ堆肥を持つ芳賀耕平さん（赤松富仁撮影）

石灰水が納豆菌を元気にする

　モミガラの吸水問題を、発酵肥料で有名な福島県の薄上秀男さんに相談すると、「私は石灰水でやります」とのこと。

　イナワラに納豆菌がたくさんすんでいるのは有名な話だが、モミガラにも納豆菌がいっぱいついている。納豆菌はアルカリ性が大好きなので、100倍に薄めた石灰水をかけてやると急に元気になって、モミガラのまわりのロウ物質を分解し始めるのだそうだ。

　吸水したモミガラを、米ヌカとオカラと一緒に積む。分解が始まったら、ときどき切り返しながら、尿素や硫安などの単肥を若干、微生物のエサとして入れてやる。3カ月もすれば、あんなに硬かったモミガラが灰のように粉々になってしまうのだそうだ。

＊2008年10月号「石灰水でも吸水」

発酵モミガラパワーでゴボウのヤケ症も克服

千葉市・菅野明さん

菅野明さん（小倉隆人撮影、他も）

ゴボウのヤケ症を克服

ニンジンとゴボウをつくる菅野明さんのモミガラ堆肥。一〇aにわずか六〇ℓまいただけだが、なんとも不思議なことが次々と起こった。

畑がフカフカになって、ゴボウがラクに収穫できた。ゲリラ豪雨の翌日でも畑に機械が入れるほど水はけがよくなった。ゴボウは軟らかくなってエグ味がなくなり、ニンジンはびっくりするくらい甘くなったなどなど……。

その中でもとくに菅野さんがビックリしたのは、ゴボウの連作障害で困っていた畑が復活したこと。ゴボウを隔年作付けしていた畑で「ヤケ症」と呼ばれる連作障害が出ていた。ゴボウに黒いアザがつくものだ。一時は土壌消毒ではどうにもおさまらない状態にまで陥ったゴボウ畑を救ったのが、このモミガラ堆肥だった。ヤケ症が一番ひどい畑に入れて、二年間休ませてみたところ、ヤケ症はみごとに激減。おまけに前述のような不思議な現象までついてきた。

糖蜜培養液に浸ければ一カ月で堆肥化

発酵させるには時間がかかるモミガラを、なんとか早く発酵させられないかと試行錯誤して、菅野さんが見つけた方法は、たっぷりの菌液に浸けるというもの。これなら一カ月以内で堆肥化できるという。

しかもこの方法、特別な微生物資材を使うわけではなく、糖蜜などを溶かした水をエアーポンプでぶくぶくやるだけ。空気中にいる酵母菌などの土着菌を取り込んで殖やすのでお金がかからないというところも魅力的だ。

このモミガラ堆肥を使うようになってから、菅野さんのニンジンとゴボウは直売所や市場ですこぶる評判がよくなった。

＊二〇〇九年十一月号「糖蜜で殖やした菌液で簡単　一〇aたった六〇ℓのモミガラ堆肥でゴボウのヤケ症も克服」　編

水槽に水を張り、糖蜜やゼオライト（粘土鉱物）水溶液の上澄み液などを加えてエアーポンプで空気をおくると、空気中の酵母菌などが飛び込んで殖える。ここに布袋に詰めたモミガラを10日間ほど浸してから引き上げ、水を切る

2週間ほど切り返して完成。モミガラの形はしっかり残っている

木枠の中でモミガラの体積の2割ほどの米ヌカをまぶす。翌日から毎日切り返し

糖度10度のキュウリはモミガラ堆肥栽培

埼玉県上里町・福田邦夫さん

「早朝収穫に入るとき、ときどき糖度計を持っていってキュウリの糖度を測ってみる」という福田邦夫さん。雨の後は糖度は下がるが、それでも五度。お天気続きだと優に七度以上。お邪魔した日は糖度一〇度以上ありました。

ただし一〇度だからといっても、トマトの一〇度と違って甘いわけではありません。糖度計で測れるのは、あくまで樹液濃度。でも食べてみるとほのかに甘みを感じ、果梗に近い部分を食べても苦みなどはまったくなく、食べた後は爽やかさが口の中に広がります。

ご先祖さまが代々ずーっと守ってきたこの土地を、できるだけいい状態で後継者に渡したいという福田さん。その思いを形にすることが、結果として高糖度のキュウリを作り出すことになっているのではないかといいます。

三五年前、福田さんは、有機を使ったキュウリ栽培にその形を求めました。二五年ほど前からは、モミガラで堆肥を作ってきました。それも、この五～六年は、それまで入れていた鶏糞さえ入れず、できた堆肥の三分の一を翌年のモミガラにタネ菌として入れて作る方式に変えました。これでも堆肥の発酵熱は七〇度ほどに上がり、モミガラの硬いクチクラ層が破壊されて分解が進むといいます。

できた堆肥は、炭素率が二〇以下になっていることを確認して、キュウリハウスに元肥として反当六t入れます。驚くことに福田さんが入れるチッソ分はただそれだけで、追肥もいっさいなし。

モミガラ堆肥だけでも、チッソ成分は三〇kgになるそうです。またリン酸分は堆肥の中に必要量あるのでカリだけを単体で入れ、微生物のエサとしてカニ殻を入れておしまい。あとは一日おきぐらいに一時間ほどかん水するだけで、作の終わりまでもっていくのです。

おかげで福田さんの土は、作の始めから終わりまでECが〇・二～〇・五の範囲！　何とも根に優しい土壌条件です。ちなみに、通路に挿した長さ一・五mのグラスファイバーの棒は、難なくすっぽり入ってしまいました。

土を壊さず次の代に渡せる農業を実践する福田さんのキュウリ作りは、キュウリにとっても根傷みなどのストレスがないので、根毛が地表面近くまで発達しています。でも土の表面に出てくることは決してありません。いかに土壌環境が優れているかの証でもあります。六月中旬の作の終わりでも樹姿は若々しく保っていて、「抜いてしまうのがもったいないな」とよく言われるそうです。

（取材・赤松富仁）

＊二〇〇九年七月号「糖度一〇度のキュウリはモミガラ堆肥栽培」

福田さんのキュウリは、収穫後10日以上たってもシナッとしないパリパリキュウリ。A品しか出荷しないようにこころがけ、収量は年間で10aあたり19t

取材にお邪魔した日のキュウリの糖度は10度以上あった。おいしく鮮度が持続するキュウリは、折り口から樹液がゼリー状に出るという

豚のスラリーとモミガラは相性抜群

千葉県印西市・五十嵐修さん

養豚農家の五十嵐修さん自慢の堆肥は、たしかに見かけからして変わっている。一見すると、堆肥というよりモミガラくん炭のように真っ黒だ。

作り方は至って簡単で、スノコ豚舎の下にたまるようにしてあるスラリーを、汚泥ポンプを使って約五〇m離れた堆肥舎までホースで送り、そのままモミガラの山にかけるだけだ。そして表層を軽く攪拌するだけで作業終了。一〇〇頭の子豚の糞尿一週間分の処理がわずか一五分ほどですむ。その後、一～二度切り返せば、夏だと最短で二週間後には畑に使える堆肥になる。

モミガラとスラリーの混合割合は容量で一〇対九。二〇㎥のモミガラの山に一八㎥のスラリーをかける。水に比べるとドロドロしたスラリーを舟形をしたモミガラの〝お椀〟が受け止めるからか、モミガラの上にスラリーをただかけるだけでうまく発酵する。もともと水をはじく性質のあるモミガラには、「水分過剰」の心配もない。モミガラどうしのあいだには空気の層も保たれる。表面から二〇～三〇㎝の深さまで、発酵温度は八〇度近い。これだけ高温で発酵するために、モミガラはくん炭のように黒くなるのだ。

できあがったモミガラ堆肥。畑にまくと、サトイモの草丈が二mにもなる。イネの苗では根がよく伸びる。微生物たっぷりの堆肥なので、アミノ酸やホルモン、ビタミンなどの効果もあるのだろうか。

また、肥料分を含まない山砂の畑で試したところ、モミガラ堆肥を入れただけで、トマト・キュウリ・ナス・ジャガイモ・イチゴ・ホウレンソウなど、いずれも上々の出来とのこと。堆肥化したモミガラは水分を保つ効果もあるせいか、砂の畑にもかかわらず、かん水は植え付けのときにやるだけでほとんど必要なかったともいう。

＊二〇〇五年十一月号「これぞ21世紀型のモミガラ堆肥」 編

モミガラの山にスラリーを散布
（倉持正実撮影、下も）

五十嵐さんのモミガラ堆肥

モミガラには生長促進物質が含まれている

秋田県立大学名誉教授の野間正名先生は、モミガラに生長促進物質が含まれていることを明らかにしている。モミガラは、その硬い殻で中の胚や胚乳を守るだけでなく、種モミが発芽・生育するのを助ける役割も果たしているというのだ。

右の写真はその実験結果だ。モミガラをはずして玄米の状態で発芽させると、ふつうの種モミを発芽させたときより発芽や生育が遅れる。ところが、玄米の周囲にモミガラを施用すると、ふつうの種モミを追い越して生育が進む。しかも、こうしたモミガラの生育促進効果は、トマトやゴボウ、ヒラタケの菌糸などに対しても確認されているという。

ただしこれらの実験では、モミガラをメタノール（メチルアルコール）に浸漬してから添加している。生のモミガラには、生育を促進する成分のほかに阻害する成分も含まれているので、メタノールに浸すことでそれを溶出させてから使うのだ。

農家がモミガラの生育促進成分を活かすには、発酵させたり、しばらく野積みしておいたりして使うことが、メタノールに浸す代わりになるのかもしれない。

＊2005年11月号「モミガラには生長促進物質が含まれている!?」 編

モミガラのイネに対する生長促進効果

モミガラ添加量（mg／mℓ）

玄米で発芽させた苗は生長が劣るが、モミガラを加えると生長が促進される（モミガラの添加量は培地の水1mℓ当たり）

モミガラによるヒラタケ菌糸の生育促進効果

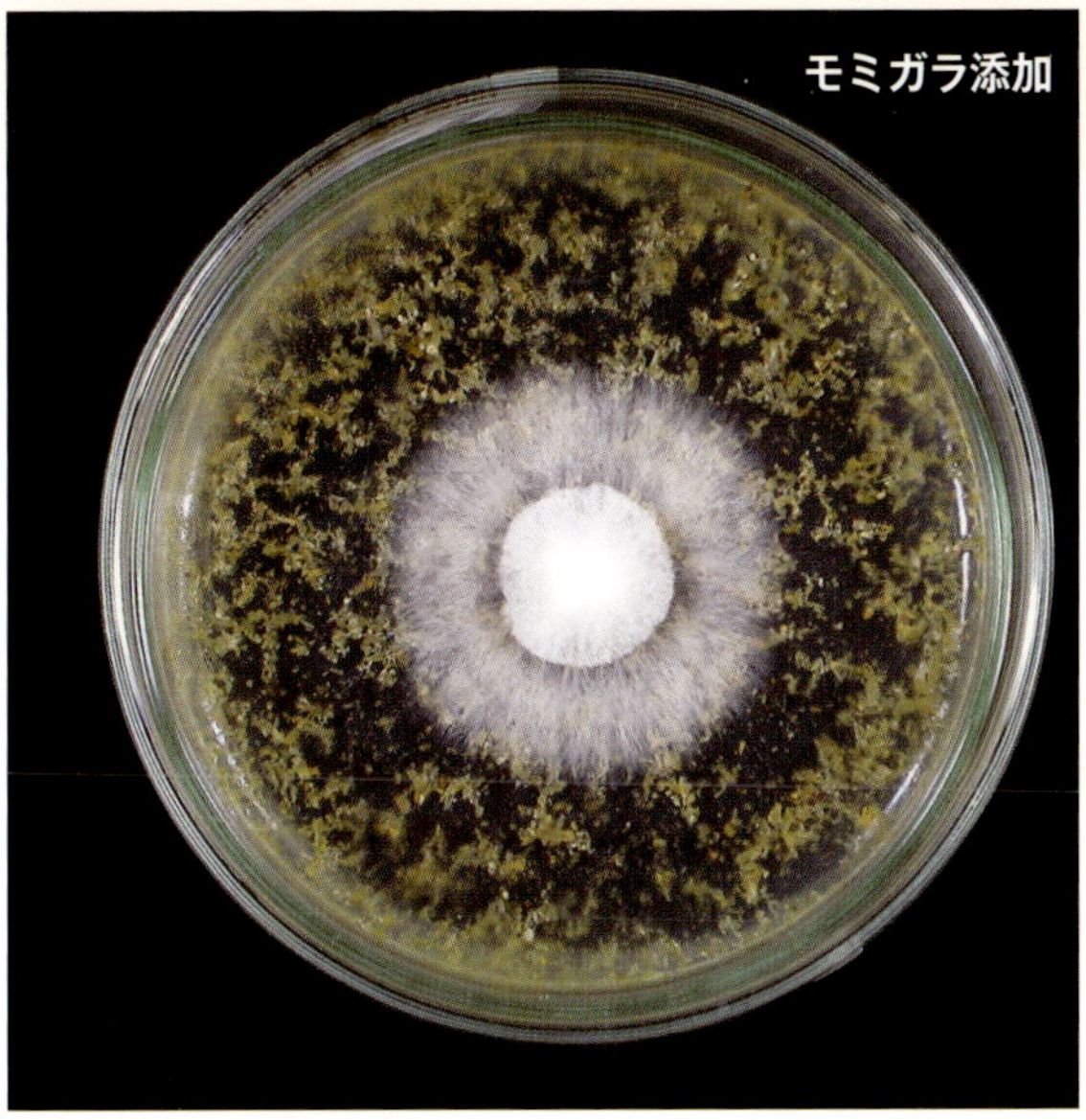

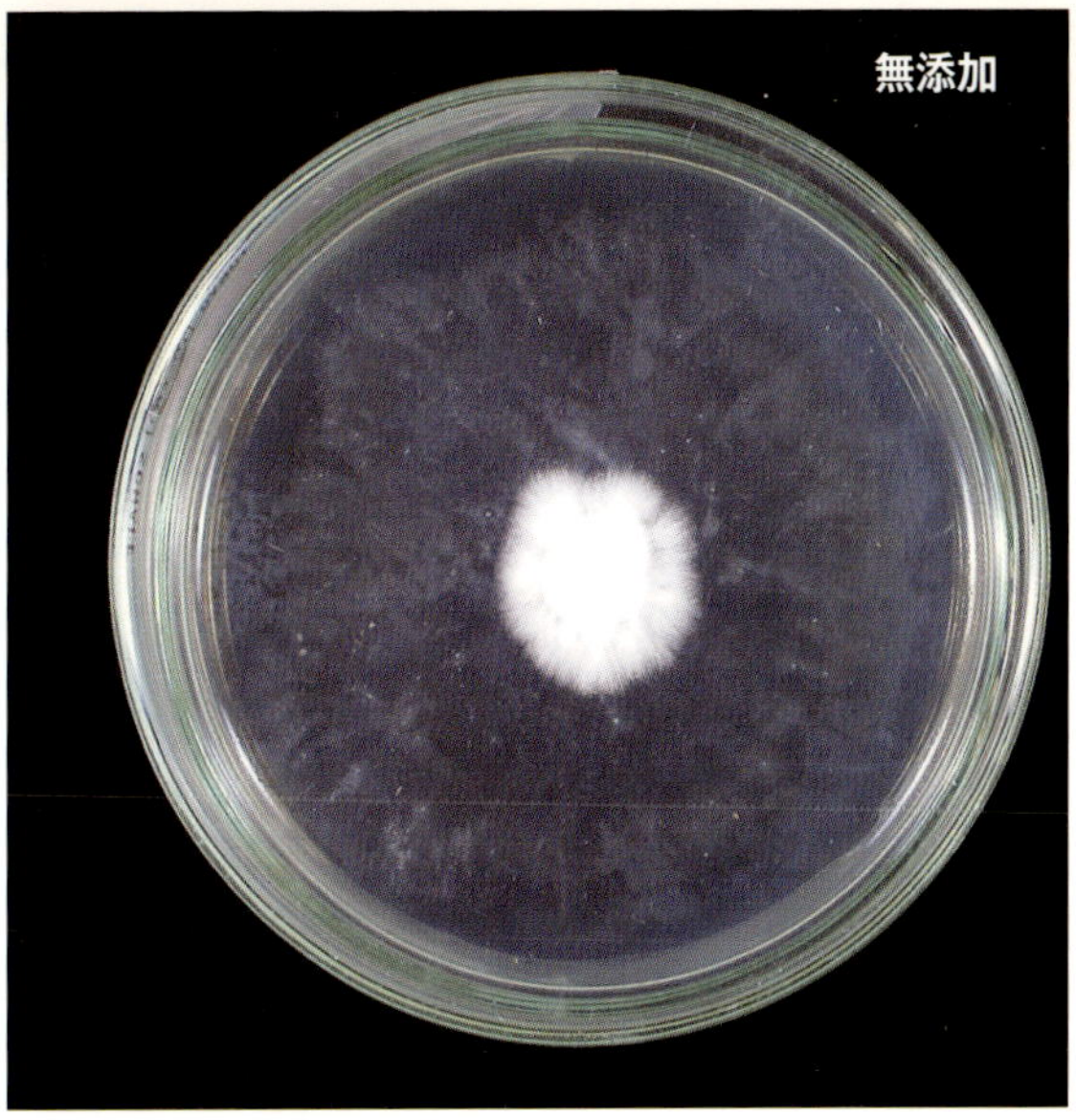

ケイ酸がよく効く
発酵モミガラのつくり方

原　弘道

モミガラは糞尿・屎尿と相性がいいんです。

よく知られているように、モミガラは分解しにくく、畑地や水田に施用しても柔細胞層がわずかに分解するだけで、クチクラ層にケイ酸やリグニンを含んで強固に発達した外皮はほとんど分解されない。ところが本誌二〇〇五年十一月号の記事「一カ月でできる『発酵モミガラ肥料』の秘密」には、人間の屎尿《しにょう》を曝気《ばっき》（エアレーション）した液に漬け込み処理をして、その後酵素を加え好気発酵を促すことによって、一カ月で完熟させる、とあった。この記事に刺激され、発酵モミガラの科学的裏付けや製造法の改良について検討を始めた。

モミガラのケイ酸が溶け出した

まず明らかになったのは、屎尿を曝気処理した液にモミガラを漬け込むとモミガラのケイ酸が溶解しクチクラ層が破壊されること、ただし、屎尿曝気液をモミガラに噴霧した程度ではケイ酸の溶解はなかなか進まないこと、である。

ケイ酸が集積したモミガラ外皮の破壊は、屎尿の曝気液でも家畜の糞尿を曝気した液でも起こる。また、下水処理場で得られる殺菌後の放流水も試してみたところ、二～三日の漬け込み処理では気がつかないような進行の遅い反応だったが、三カ月ほど経過（軽く水切りをして、軽く封をしたまま常温で放置）して、電子顕微鏡で観察してみると、やはりケイ酸が溶解し、クチクラ層が破壊されていた。試行錯誤の結果、この放流水にある種の酵素や微生物を加える（以下、新処理水）ことでも、糞尿・屎尿曝気水と同等の効果を得ることに成功した。

写真は、この新処理水に二四時間浸漬したモミガラの表面である。ケイ酸を含む外皮が溶解され、外皮の下のクチクラ層が脆くなっている状態が観察できる（二〇〇九年八月特許査定）。

それにしても、下水道、浄化槽で環境基準を満たして殺菌までされた放流水中のいったい何が、モミガラの硬い外皮を溶解・破壊しやすくするのか？　糞尿・屎尿曝気水による処理と共通するのは、下水処理場にも屎尿が流れ込んでいることであるが、ここにヒントがあるのかもしれない。

発酵モミガラの製造過程

以下、新処理水を利用した場合の発酵モミガラの製造過程を示す。

①処理液浸漬操作

モミガラを一二～二四時間以上漬け込むことが肝要（これは、糞尿・屎尿曝気液でも同じ）。

②発酵促進機に投入

処理液から取り出し、水切りしたモミガラを発酵促進機へ。米ヌカと酵素（モミラーゼ）を加え運転開始。材料が攪拌され、三時間程度で四五～五〇度に上昇するが、これは発酵熱ではなく、モミガラの摩擦によって生じたもの。促進機から取り出して堆積したときが自然発酵のスタートとなる。

発酵促進機の代わりにコンクリートミキサーのようなもので攪拌してもよいが、温度上昇のスタートは遅くなる。また、添加するのは米ヌカだけでも発酵するが、やはり温度上昇が遅れやすい。

菌糸
外皮の最外層が溶解し、クチクラ層の破壊が始まっている
10μm（0.01mm）
下水処理場の放流水に酵素・微生物を加えた処理水に24時間浸漬したモミガラの外皮（電子顕微鏡写真）

③堆積と切り返し

五〇度程度になったモミガラを発酵促進機から取り出して円錐形に積み上げておくと、およそ二日後には中心部の温度が六〇度を超え、発酵を確認できる。その後は一～三日ごとに切り返し。発熱による乾燥で水分が低下すると温度も低下する。適宜、水分を補給し、切り返し後に六五度以上の温度を保つ。堆積を始めてから二週間が経過したら、水分補給をせずに切り返しのみを続け、四〇度以下になったら堆積の山を崩して乾燥。

④注意点

色が変わったり、形が崩れていることだけでは完熟状態とは判断できない。上記の操作を行なえば、三週間後には、チッソ一・五％前後、炭素・チッソ比（C／N比）が二〇～二五となり、形が残っているモミガラでも指で簡単に押しつぶせる程度にもろくなっている。臭気はほとんど感じられない（はずである）。

生ゴミと混ぜて堆肥に
――生育、団粒化を促進

このようにして製造した発酵モミガラは、単独で使用してもよいが、他の資材と組み合わせることによってさらに大きな能力を発揮する。一例をあげると、発酵モミガラは吸水能力が高く、生ゴミ処理剤としても優れた能力を持っている。

生ゴミと容量比一：一で混合、高速で攪拌すると四〇分程度でおよそ五〇度に達する。これを取り出して、切り返しをしながら八週間ほど堆積する。

私は大学在職中から、生ゴミ堆肥の評価に関わる自治体との共同研究を行なってきたが、この堆肥には、発酵モミガラ由来の水溶性ケイ酸による生育促進効果がある。また、土壌の団粒構造を発達しやすくする効果もある。

低温でやいたモミガラくん炭と併用すればケイ酸の効果はいっそう高まるだろう。ケイ酸は過剰施用害の報告がない唯一の資材でもある。

（元 茨城大学農学部准教授）

＊二〇〇九年十一月号「ケイ酸がよく効く発酵モミガラ　ポイントは屎尿・糞尿曝気液への漬け込みだった」

※発酵モミガラの製品、モミラーゼ、関連技術の問い合わせは左記まで。製品の価格は発酵モミガラ一〇kg・二〇〇〇円、発酵モミガラを用いたカドミウム回収剤「もみがら@カドミ」一〇・kg四〇〇〇円。
㈱つくばアイノ＝つくば市吾妻三―七―一七　SH一〇七　TEL〇二九―八八六―七二六〇／FAX〇二九―八七五―四一三六

くん炭をやく・使う

保米缶で簡単
サラサラくん炭づくり

宮城県登米市・
白石二郎さん・吉子さん

早朝にモミガラを詰め、火をつけて、夕方までに焼き上がるのが普通だが、煙突を継ぎ足して長くすると早くやける（空気の吸い込みがよくなる）

DVDでもっとわかる

宮城県登米市中田町の白石二郎・吉子さん夫妻（イネ二ha、繁殖和牛一頭）は、モミガラくん炭を、保米缶でつくるようになって六年になる。簡単にやけるから、年中つくる。

「くん炭」の用途は広い。まず、イネや野菜の育苗培土に使う。畑を耕したときはかならずすき込む。野菜の草抑えにウネにかけてマルチする。和牛の母牛にも子牛にも、配合飼料に混ぜてやり、牛舎の中にもまく。とくに子牛の下痢予防に欠かせない。生ゴミのコンポスト容器にも、生ゴミを入れるたびに振りかけると、小バエがわかず、ニオイも減る。知り合いにあげる分も多い。

以前、露天でやいていたときと比べると、保米缶の中でやくようになって、気楽にいつでもサラサラ軽いくん炭がつくれるようになった。（編）

野菜の草抑えにくん炭マルチ

配合飼料にくん炭を混ぜて子牛の下痢予防

白石吉子さん

道具と材料

10俵用の保米缶を使うときは、市販のくん燃器用煙突の先が出る高さに電動カッターで切る（指さした位置）

奥が保米缶（安定のため、底部を土に埋める）。その前が、左からモミガラ、継ぎ足す煙突、市販のくん燃用煙突、水かけ用ジョウロ、火ダネ用のワラ。手前は密閉して消火するのに使うビニールと自転車の古チューブ

サラサラ くん炭をやく

つくり方の詳細は、
付属のDVDを見ていただくこと
にして、ここでは大まかな手順
とカンドコロを紹介しよう。

火ダネに点火したら煙突をつけ、
モミガラを上まで詰める

やけてカサが減ったら追加投入を繰り返す。
煙突を継ぎ足して、空気の吸い込みをよくする

表面が半分黒くやけてきたら、スコップで
かき混ぜるとすぐに全体が黒くなる

全体が黒くなったら煙突を抜いて、ジョウロで表層に
散水（4ℓ程度で充分）

ドラム缶で簡単、水を使わないで漆黒のくん炭

高井治成

黒いところが見えたら、こまめにかき上げる

ドラム缶に移して、濡れた紙でフタ

煙突を立てたモミガラの山がそこそこ燃え切ったとき全体に広げ、水をかけ、消火して完成させる。こういうくん炭のやき方だと、どうしても黄色の未燃焼のモミガラが混じって「ごま塩状態」になります。私の「漆黒のくん炭つくり」のポイントは次の2つです。

❶中のほうから燃えてきて、表面に黒いところが見え始めたとき。ここからは必ず目の届くところにいて、モミガラの山を回りながら下から上へすくい上げるようにかき上げる。一粒も黄色の粒がなくなり、真っ黒な状態になったらやくのは終了。

❷できあがったら一気にドラム缶に移す。米や飼料の紙袋を開いて水によく浸しておき、これで素早くフタ。ドラム缶をぐるっと囲むようにヒモで縛っておく。

そのまま翌日まで軒先などで放置してから、保管用の袋に入れます。念のため火が完全に消えているかどうか、くれぐれもご注意を。　（岐阜県関市）

＊2009年11月号「水を使わない漆黒のくん炭づくり」

筆者

ハウス用の厚手のビニールで密閉、空気を遮断消火

水蒸気で膨らむが、じきに平らになる。このまま翌朝まで放置。缶の外側をさわって熱くなければ開封し、袋に詰めて保管

サラサラに乾いたくん炭のできあがり

くん炭の
吸熱・吸水効果を利用

苗の生育促進にくん炭
愛知県豊橋市・水口文夫さん

炭を農業に徹底利用している水口さん。育苗に使うなら、こんな手もある。いずれもモミガラくん炭でもOKだ。

＊二〇〇四年一月号「育苗に炭を徹底活用」 編

苗を置く右側に並べた水入りの1.5ℓペットボトル。これが蓄熱装置。ペットボトルの下に黒マルチ、その下に炭が敷かれている。この上にはトンネルをかける（赤松富仁撮影、下も）

ソーラー育苗

炭を敷いた上にペットボトルに入れた水を並べて、昼間の太陽エネルギーをここにためる。炭は苗の下にも敷かれていて、遠赤外線効果で苗の揃いもよくなる。また、余分な水分を吸収してくれるので、苗床が過湿になるのも防ぐ。

午後3時半頃になるとビニール障子を被せる。これで夜間の温度を保てる。なお、よく晴れて床温が50度以上あるときは、蓄熱装置を紙で覆って調節。紙を1枚重ねるたびに約1度下がる

炭に埋めて催芽

スイートコーンや春播きホウレンソウなどのタネを炭の中に埋めて芽出しすると、発芽がよく揃って根の発達のいい苗ができる。

〈手 順〉

❶タネを布袋に入れて、ゆるく縛る
❷半日水に浸ける
❸布袋ごと植木鉢に入れ、そのまわりに炭や、くん炭を詰める
❹鉢の上面をビニールで覆い、日なたに48時間おくと均一に催芽できる

くん炭には十分に水を含ませておく
半日、水に浸けたタネ

くん炭で暖房の重油代節約
愛知県田原市・松嶋菊次さん

重油が値上がりした二〇〇五年――。

「何とか油を減らすように考えたいと思ってる」という松嶋菊次さん。そんな思いから始めたのが、キクの地温確保のために、モミガラくん炭を敷くこと。

　というのも、以前、無加温で「黄金浜」という品種をつくった（十二月定植、四～五月収穫）ときに、ウネ三列だけ試しにモミガラくん炭を敷いてみたら、二月末の消灯の時点で、くん炭を敷いた三列は他のところよりも草丈が六㎝も高かったからだ。地温を測ってみたら、日が照った日の夕方は地下五㎝くらいのところで二～三度高かった。

　ただ、このくん炭施用、キクの場合は草丈が三〇㎝を超えると、地面が陰になって蓄熱効果が薄れてしまうので、初期生育三〇㎝までが勝負だそうだ。

＊二〇〇五年十二月号「暖房代減らし大作戦　渥美のキク大産地ではどうしようとしているか」 編

イネ育苗
箱下2㎝のくん炭層が不思議な力を発揮

兵庫県加西市・長田義昭さん

不耕起状態で折衷苗代

一五haの田を親子二人でつくる大規模稲作農家の長田義昭さんは、一五aの田を一枚、育苗専用圃場にしている。ここで毎年約三〇〇〇箱を、水をためて育苗する。この育苗圃場は不耕起なので苗運搬車もラクラク入れる。重たい箱を持って足場の悪い田を移動するんじゃ折衷苗代も大変だけど、箱のあるところまで車が迎えに来てくれるんだったら、かん水もラクなこの方式のほうが絶対いいのだ。

それにしても、こんなふうに土の上に苗箱を三〇〇〇枚も並べたんじゃ、さぞや根切りが大変だろう、と心配してくれた人もいたが、そんなことは全然ない。秘密は苗箱下二㎝のくん炭層にある。根切りシートの代わりにくん炭を敷くようになってからは、根切りの苦労からすっかり解放されてしまったのだ。根はくん炭の中に伸びてはいるが、普通に箱を持ち上げれば、そのままスッと抜けてくれる。ラクになったうえに、根切りシート代も節約できて、こんないいことはないと思っていたが、効果はそれだけではなかった。

農薬のいらないイネになった

九〇g播きの長田さんは、以前から軸の太い活着の早い苗をつくりたいとは思っていたが、箱下二㎝のくん炭層が、いとも簡単にそれを実現してくれた。こういう苗は、本田での病害虫にも断然強いし、去年みんなが乳白だカメムシだと騒いでいたのも、涼しい顔で聞いていられた。

以前は、イモチの多い年は三回薬かけしてもイネが萎縮してしまったり、干ばつの年は胴割れがひどかったりしていたのに、今は秋ウンカさえも寄りつかない。苗が変わるとこんなにも違うのかと、自分でも感心するくらいのイネの違いだ。

くん炭のケイ素、排水・保水・保温力!?

くん炭がどういう力を持っているのか、長田さんにはわからない。だけど、昔の人はよく肥料に使っていたくらいだから、何か特別な成分があるのかもしれない。モミガラに多いというケイ素が吸われるようになって、病気に強い硬い苗になるのかもしれない。

三〜四日に一回、箱ふちまで水を足すという管理だが、くん炭は排水がいいので、根の付近の水が常に動くというのもいいのかもしれない。逆に、くん炭は水もちもいいので、万が一水がなくなるようなことがあっても、苗が脱水症状を起こすようなことにはならない。保温力もある。低温が来てもやられにくい苗になったとも思う。

そしてもう一つ、見逃せないくん炭の力に、水をきれいにするということがある。苗の根はすべて、モミガラくん炭層を通った水を吸う。そして、育苗箱から出た根はすべて、くん炭層を通って伸びる。このくん炭層を通過するとき、苗の根は何かとてつもない力を授かっているように、長田さんは感じるのだ。

＊二〇〇〇年四月号「箱下二㎝のくん炭層の力　根がくん炭を通るとき、何か不思議な力をもらう」 編

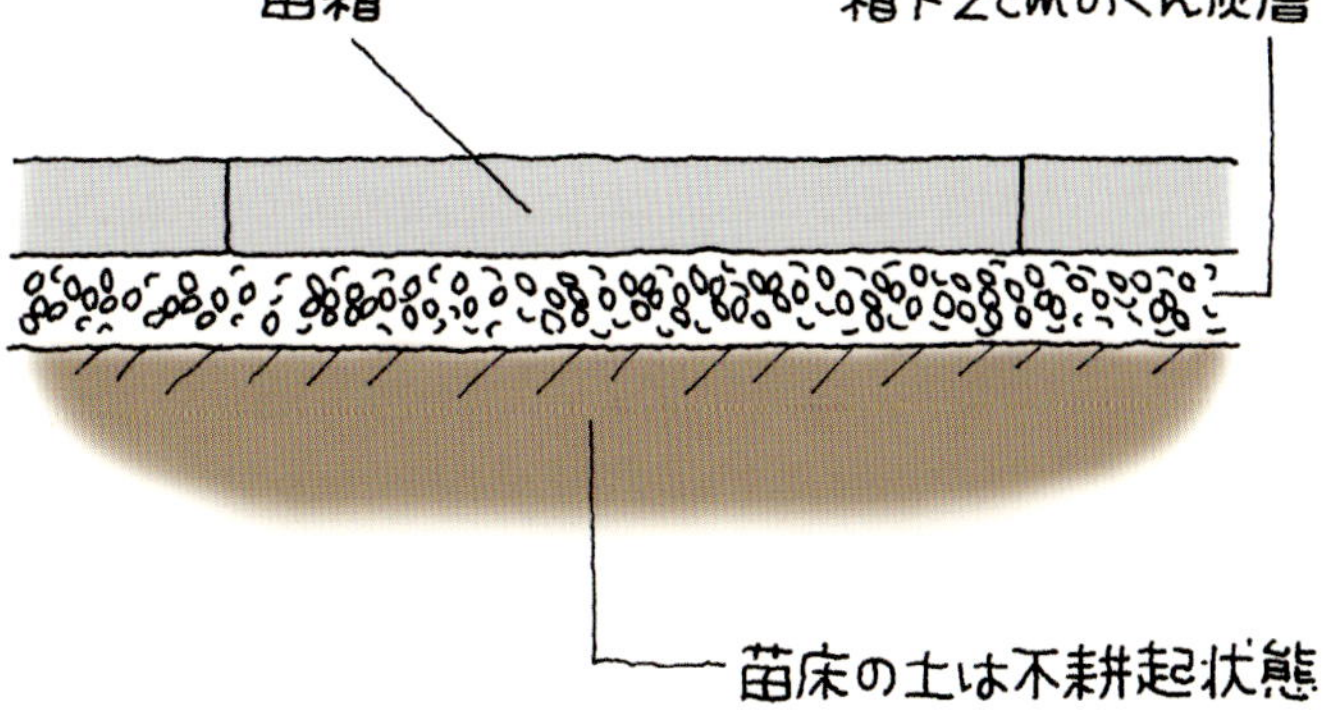

※育苗でのくん炭の利用法は49ページにも記事があります。

イネ育苗箱２段重ね くん炭培地でトマト養液栽培

松田眞一郎

イネの育苗箱を二段重ねにして養液栽培する「苗箱らく楽培地耕」。水稲育苗後の空きハウスなどを有効活用するために滋賀県独自で開発したもので、培地はイネの副産物であるモミガラくん炭を使用する。

培地としてのモミガラくん炭

養液栽培の培地として必要な条件は、安価で均質で入手しやすいこと。さらに養液の浸透性がよく、保水性・通気性ともに良好なことが挙げられる。その点、モミガラくん炭は、水の浸透性・保水性もよく、粉状に砕けたものでなければ気相率も高いため、養液栽培に適した培地としての特性を備えている。

化学性については、リン酸やカリ含量が多い。pHは高いが、七・五cm以上のポット苗の場合に限っては、これまで高pHによる鉄欠乏症状などは認められていない。

苗箱二段重ね養液栽培のしくみ

この栽培槽は、二段重ねにしたイネ育苗箱の下側に養液が溜まる構造で、根部へ酸素を供給するための養液循環は行なわない。したがって植物は溜まった養液の表面から養液中へ溶け込んだ溶存酸素と、モミガラくん炭の中に張った根へ直接供給される酸素を利用する。

貯留した養液中の溶存酸素濃度は、夏季の晴天日の日中は二ppm程度まで低下することから、上の段のモミガラくん炭の中へ張った根への酸素供給が重要である。暑い時期に定植する作型では、一箱あたりのモミガラくん炭の量が五ℓ（培地の厚さ約三cm：水稲育苗箱の縁からモミガラくん炭が少し盛り上がる程度）では、下の段の培養液中の根は健全だったが、三ℓ（培地の厚さ約二cm）では栽培初中期に根の腐敗が認められた。培地内に含むことのできる空気の量（培地の厚さ）が根の腐敗の有無に関与していると考えられる。

（滋賀県農業技術振興センター）

＊二〇〇九年十一月号「イネ育苗箱二段重ね　くん炭培地でトマトの養液栽培」

上の育苗箱（培地層）を持ち上げてみると、下の養液を吸う根がビッシリ

栽培層を断面で見たところ

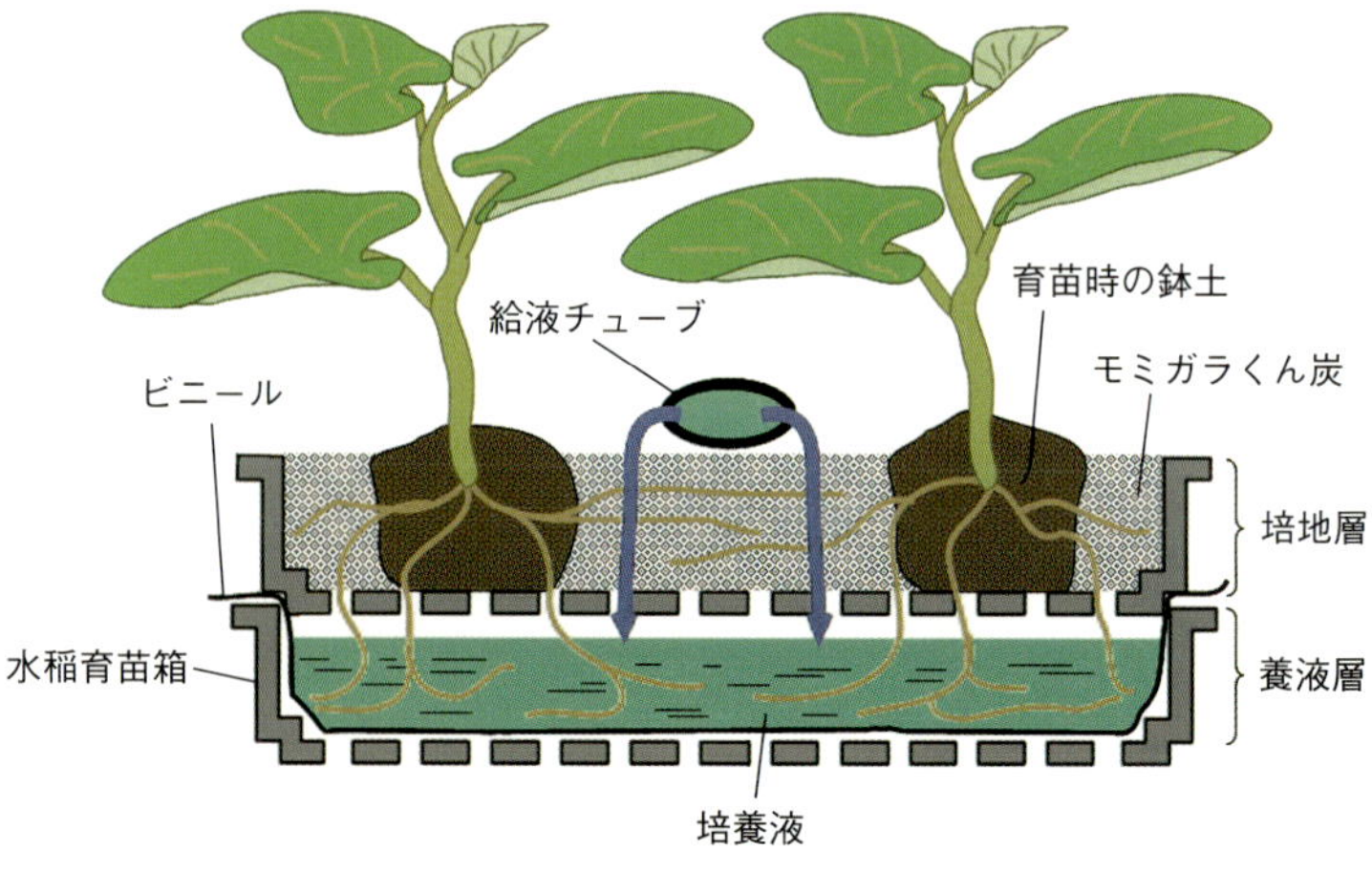

こんなに少ない培地なのに大玉トマトがズラリ

ミカンの細根が増える
モミガラくん炭のスポット処理

池田繁成

　モミガラくん炭は、表面に目に見えないような小さな孔隙を多数持っており、土の中に混ぜると、その孔隙に空気や水が蓄えられたり、作物に有用な微生物が繁殖します。

　加えてモミガラくん炭は、土の中で分解しにくく土壌改良効果が長く持続します。比重が軽く、取り扱いが容易なことも特徴です。

　モミガラくん炭をミカン園で効果的に活用するポイントは、必ず土と混ぜることと、圃場全体に広く薄く施用しないでスポット的に処理することです。

　具体的には、収穫後の二～三月頃に縦、横、深さ三〇cmの土壌を一樹当たり五カ所程度掘り上げ、くん炭を土と混ぜて埋め戻してください。三年くらいかけて樹全体の土の改良を終える気持ちで計画的に実施しましょう。一年で樹全体の改良を行なうと、断根によるダメージが大きくなり、かえって樹勢低下につながります。

　施用するくん炭の量は、掘り上げる土の二〇%程度がよいと思われます。一樹に五カ所のスポット処理を行なう場合は、縦、横、深さ三〇cmの土壌を改良するとして、約三〇ℓ（一カ所につき六ℓ）必要です。

　ポット栽培や成木樹の圃場での比較試験では、モミガラくん炭の処理で細根の量が大幅に増え、それにともなって枝の長さや葉の数など地上部の生育も促進されるなどの効果が認められました。


（佐賀県果樹試験場）

＊二〇〇三年三月号「ミカンの細根が増える　モミガラくん炭のスポット処理」

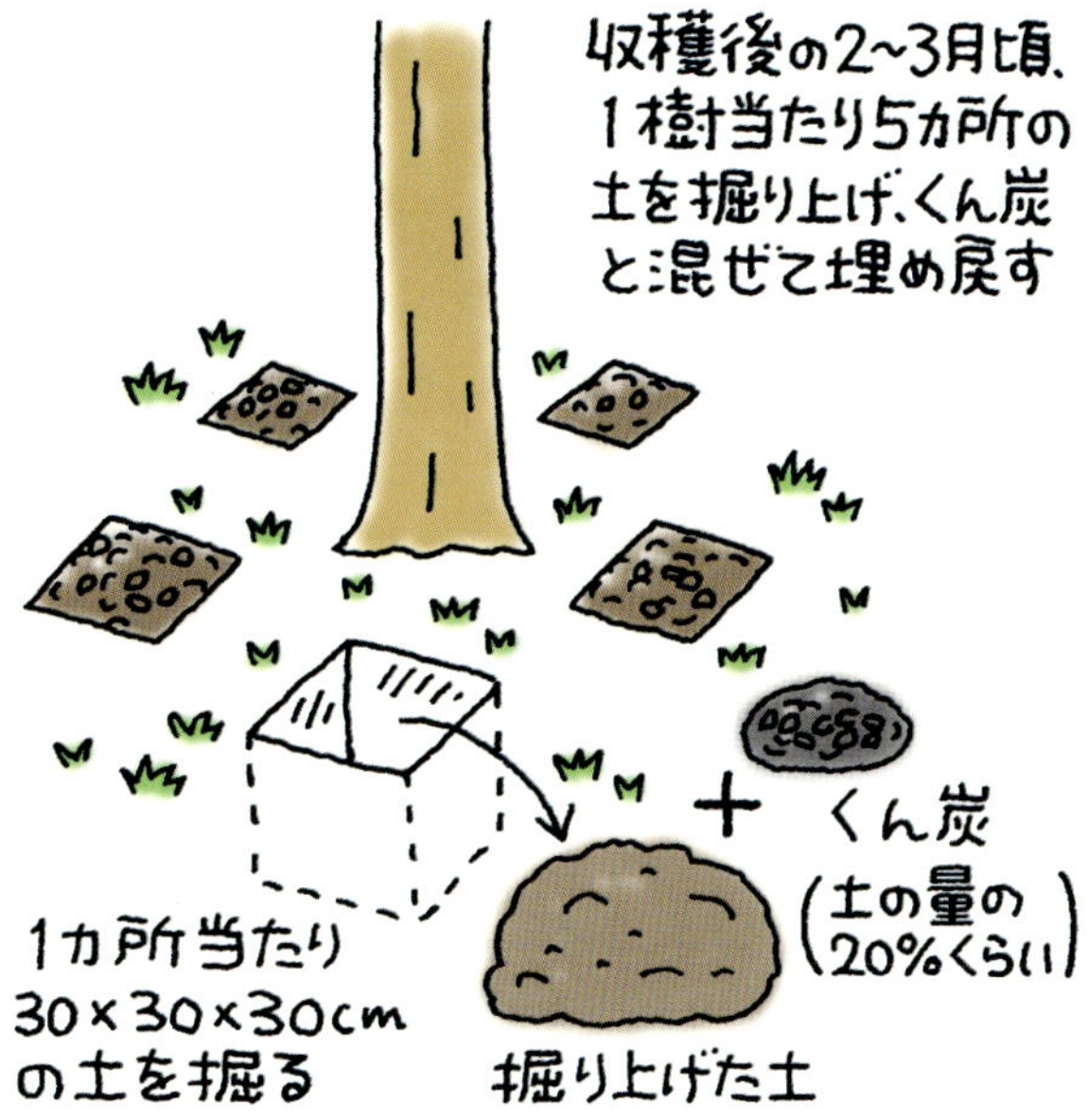

モミガラくん炭が苗木の根におよぼす影響（ポット栽培での試験結果）

モミガラくん炭を添加したことで2mm以下の細根の割合が増加している

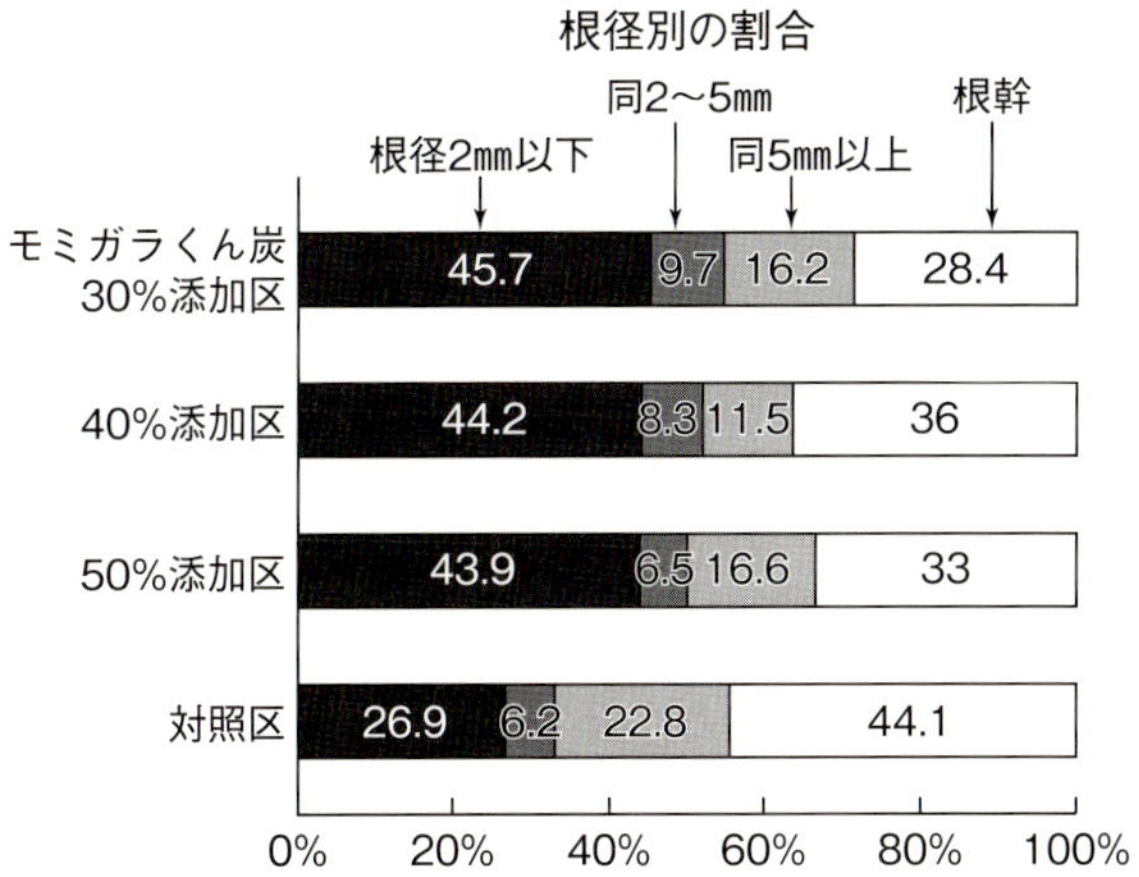

モミガラ灰をつくる・使う

富山県南砺市・荒川睦子さん

モミガラは、くん炭にするのもいいが、完全に焼いてしまって灰にするのもおもしろい。富山県の荒川睦子さんにとってもモミガラ灰は欠かせない。虫や病気の予防、野菜の健康促進剤として使うからだ。一・五haの田から出るモミガラを手間・カネかけずに灰にする荒川さんの方法はこんなやり方。編

荒川さんのモミガラ灰のつくり方

❶モミガラ山の真ん中に孔をあけ、新聞紙など燃えやすいものを入れる。

❷米袋（紙製30kg袋）を切り広げて筒状に丸め、モミガラ山の煙突代わりに立てる。米袋の代わりにイナワラの束を立ててもよい。

❸基部の新聞紙に点火し、しっかり着火したら紙の煙突をモミガラで覆っていく。

❹煙突がすっかり見えなくなるまでモミガラで覆ったら作業終了。放っておけば燃え続け、煙突もろとも灰になる（途中で火を消すとくん炭になる）

火ダネにする新聞紙のところから米袋の煙突を立てる（赤松富仁撮影、以下も）

風のない日に燃やす。一日で灰になる

花咲かじいさんのように

朝露が消えないうちにまんべんなくまいて、アブラムシやウドンコ病を防ぐ

＊2006年1月号「超カンタン　米袋を煙突にしてひとりでに焼けるモミガラ灰」

野焼きモミガラ灰はケイ酸の宝庫

伊藤純雄

水稲は、10ａ当たり100kg以上のケイ酸を吸収する。この吸収量はチッソより一桁多い。たいへん大きな量である。その水稲の体のなかでもモミガラは、他の草などの灰分が3%程度なのと違って、20%にもおよぶ大量の灰分を含んでいる。しかも灰の成分の90%以上はケイ酸であり、他の植物の灰の成分がカリやリン酸あるいは石灰、苦土などが主体なのとくらべて大きな違いがある。モミガラ灰はケイ酸の宝庫なのである。

表は、イネ苗にくん炭を施用した古い試験の結果である。苗のケイ酸含有率はくん炭施用によって明らかに高まっていて、ケイ酸が効くことは明らかである。くん炭に限らず、モミガラのケイ酸が吸収されることは、他の栽培試験の結果でもよく知られている。

モミガラを燃やした灰も、高温で燃やした場合は溶解しにくくなり、ケイ酸肥料としての効果がなくなってしまうが、低温で燃焼させたものであればケイ酸の有効性が高い。大方の農家にとって手っ取り早いのは、野焼きということになるだろう。

野焼きの場合に灰の温度が何度になるかは、やりかたによってさまざまだろうが、さほど高くならないようである。モミガラを小山にして、煙突を立てて内側から燃やす方法（くん炭をやく方法）について測定したところ、もっとも高いところで700度、大部分は400～450度くらいだった。この程度であれば、モミガラ灰やくん炭のケイ酸の溶解性は比較的高いはずである。

（執筆時：中央農業総合研究センター土壌肥料部）

＊ 2005年11月号「野焼きモミガラ灰は効くケイ酸の宝庫」

モミガラ灰でも
くん炭でも
ケイ酸が効く。

消却温度の異なるモミガラ灰ケイ酸の
イネによる吸収度合

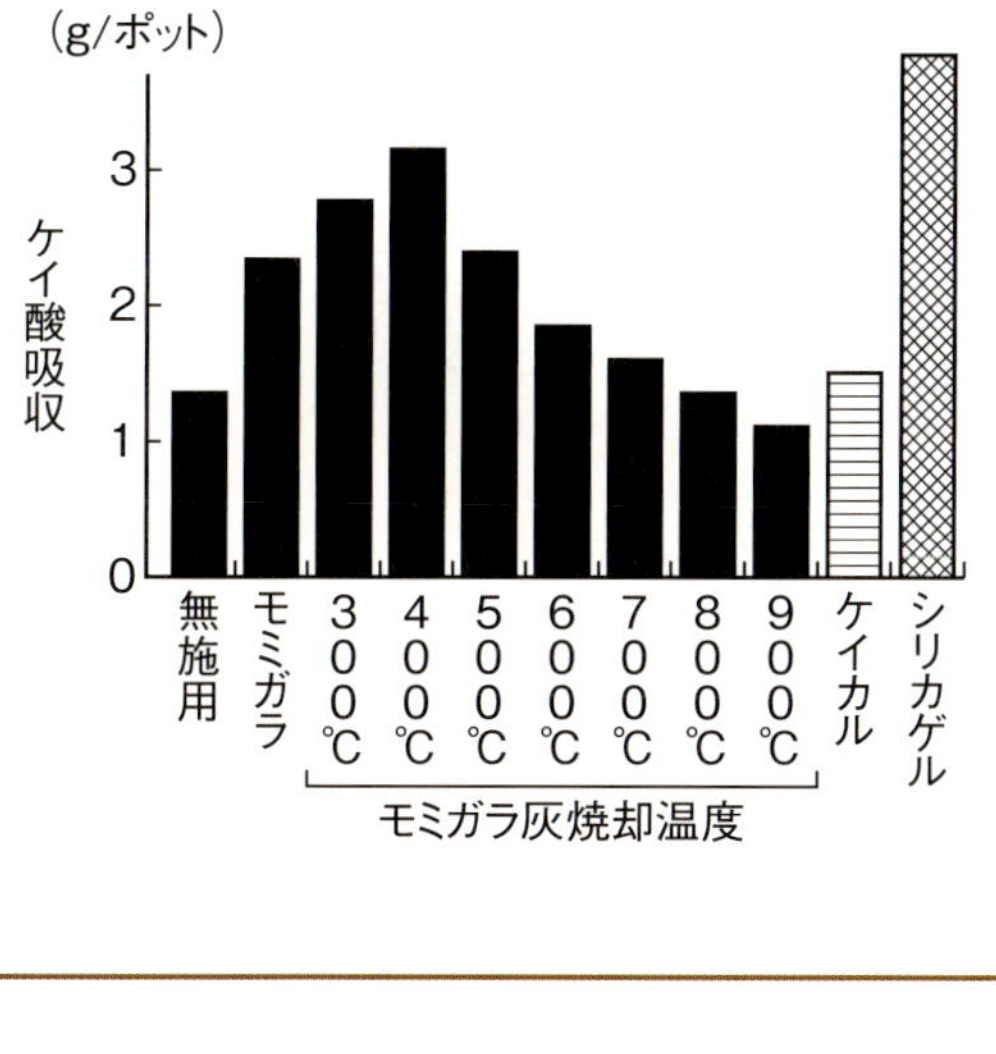

モミガラくん炭等施用水稲苗のケイ酸含有率

処　理		ケイ酸含有（%）
モミガラ灰	200g相当	6.51
シリカゲル	200g	5.86
くん炭	200g	6.99
〃	400g	8.11
〃	600g	9.21
対照無施用畑苗代		5.04

	モミガラくん炭施用	無施用
水苗代	9.12（13）	7.40（11）
畑苗代	7.58　（2）	5.30　（1）

（カッコ内は事例数：石橋，1956）

モミ酢で減農薬・無農薬

モミ酢とは、モミガラをくん炭にやくときに出る煙が冷えて、液体化したもの。モミガラの未知なる成分がたくさんたくさん溶け込んでいる——

ハウスの中で、
ホットプレートにスイッチオン。
辛〜いモミ酢が蒸散する（田中康弘撮影）

DVDでもっとわかる

強力！

トウガラシ・ニンニクモミ酢をホットプレートで気化

埼玉県鳩ヶ谷市・加藤隆治さん

辛い成分をハウスに充満させる

加藤隆治さんのトマトハウスに足を踏み入れると、なんだかモヤモヤしている。すぐさま鼻をつくような刺激臭。心なしか涙まで。

よくよく見ると、なんとあちこちのウネ間にホットプレートが置いてある！　異色のハウスである。

「防除ですよ。ニンニクとトウガラシを漬け込んだモミ酢を『気化』させているんです」

虫の嫌いな成分がハウス内に充満していたのだ。しかも、このトウガラシ・ニンニクモミ酢、加藤さん特製だ。

まずモミ酢のつくり方からして一風変わっている。一般的にモミ酢とは、モミガラをくん炭にするときに出る副産物。密閉空間でモミガラをやき、そのと

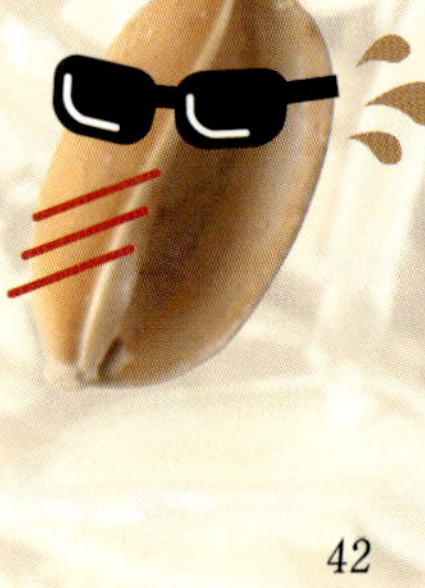

きに出る煙が冷えて液体になったものである。しかし、加藤さんの場合、トウガラシの果実やら残渣やらも、モミガラといっしょくたにしてやいてしまう。これで、たいへん「辛いモミ酢」がとれるのだ。

そのうえ、できたモミ酢に、またトウガラシを入れ、ミキサーでドロドロにしたニンニクも漬け込む。なるほどこいつをハウスの中で気化させようものなら、虫もたまったものじゃないだろう。

コナジラミが一匹も出なかった

「私自身、目がチカチカするほどです」

だから気化は夜に行なう。日中やると、仕事している自分もつらいので、作業の終わる六時から夜寝る前までの二時間と決めて、一〇日に一度のペースで実施している。また、気化中はハウスの循環扇はまわしたまま。臭気はハウスのすみずみまでまんべんなく行き渡る。

おかげで去年は「コナジラミが一匹も出なかった」。ハウスには防虫ネットも張っているが、加藤さんは風通しが悪くなるのを嫌い、一㎜ほどの粗い網目にしている。このホットプレート気化をやる前までは、コナジラミが網目をかいくぐって侵入し、中で増殖していたというから、トウガラシ・ニンニクモミ酢の力は大きい。

「虫も辛さを嫌うんです。虫だけじゃなくって、殺菌効果もあるんでしょうか、ベト病や葉カビ病も出ません。モミ酢の力でトマトの樹が病気に強くなるというのもありますね」

ちなみに加藤さん、ここ数年はトマトに農薬がいらなくなった。

くん煙剤農薬の代わり

でも、なぜ気化なのだろうか。

もともと加藤さんは、害虫は「くん煙式の農薬」で対処していた。いうなれば家庭でゴキブリやダニを退治するときに使うバルサンのようなものである。しかし、くん煙剤は一反歩のハウスに二〇個は仕掛けないと効果がないので、経費がバカにならない。

おまけにその日は、家族総出で一斉にくん煙剤を始動させ、その後、煙を吸い込まないようにあたふたとハウスの外に飛び出さなければならなかった。たいへんな騒ぎである。

くん煙剤から抜け出す道を加藤さんは考えた。ペットボトルにモミ酢を入れてハウスに吊るす方法もなかなかよかったが、日中、暑いときにじわじわとしか蒸発しないのがもどかしかった。いっそのこと強制的に気化させてしまえ、と思い立ったのが、ホットプレート利用のはじまりである。

この方法なら一人でできるので、防除にわざわざ家族の手を煩わせることもなくなった。温度センサー付きのホットプレートを使っているので、目を離していても安全。

むろん経費は、くん煙剤の分がまるまる浮く計算である。

＊二〇〇九年六月号「強力！トウガラシ・ニンニクモミ酢をホットプレートで気化」

編

加藤さんはモミガラに竹やトウガラシを入れた状態で、くん炭をやく。とれたモミ酢にはその成分が凝縮しているはずだ

モミ酢のおかげで リンゴの農薬代半減

犬飼公紀

木酢・モミ酢を使用するようになったのは、以前、果樹の営農技術員をしていたときのことです。

農家に指導して普及するには、まずは自らが体験すること。私の家もリンゴを約二haつくっていますので、七～八名の農家と一緒に取り組み始めました。それが二十数年たち、技術員をやめた今でも続いています。

当初は木酢を購入していましたが、コストがかかるのでモミガラくん炭をやく装置をそれぞれが購入し、自分たちでモミ酢を採るようになりました。全員イネもつくっているので、モミガラは無尽蔵にあります。モミ酢もくん炭も自給です。

現在リンゴによく使用しているのは、モミ酢に曝気した豚尿、ドクダミ、ニンニク、ヨモギなどを混ぜた葉面散布液です。

農薬散布のときは、この液を五〇〇～八〇〇倍になるよう混ぜています。殺菌剤のほうは通常濃度の二倍に薄め、殺虫剤は状況に応じて薄くします。ただし、ダニ剤だけは通常どおりの濃度にしています（リンゴの大敵はダニなので）。

農薬の価格はひとつ三〇〇〇円以上するものが多く、トータルでは一〇aに年間八万円もかかります。しかし、モミ酢で濃度を薄めることができれば経費も半分以下に抑えられます。

木酢やモミ酢の効果に科学的な根拠があるかどうかは私にはわかりません。しかし実際に葉面散布した後は、葉面微生物が活性化されるためか葉色がよくなります。リンゴの渋みも早く抜ける傾向にあり、生育も早まります。リンゴを送った人やオーナーからは味がよいといわれ、皮をむいて

斑点米カメムシも モミ酢二回で来なくなる

絹川仁三郎

一〇年前に比べると、私の地域では、田んぼのカメムシ被害が増えているようです。私自身も四年前、殺虫剤でしっかり防除していたのに、カントリーに出荷した際「カメムシ被害粒が非常に多い」と指摘されてしまいました。

そこで三年前から始めたのがモミ酢の活用です。私は育苗培土にくん炭を四割混合するため、くん炭を大量に作ります。その際に副産物として出る自家製モミ酢を使うのです。この効果はたいへんおもしろいと思っています。

私のモミ酢は、トウガラシ、ドクダミ、食事で残った貝殻などを漬け込み、一年くらい寝かせたものです。一度試験的に二〇〇倍で二㎡ほどのイネに葉面散布してみたところ、酸がきつすぎたのか、見事に枯れてしまいました。しかしそれだけ強い効果が何かしらあると思ったので、少し薄めて三〇〇倍程度で使ってみることにしました。するとイネが枯れることもなく、カメムシの被害は激減。

以降、カメムシ防除は殺虫剤を使わず、モミ酢だけで行なっています。それで

からの酸化も少なく好評です。

ナスやトマトなどの自家用野菜にも使います。一〇日に一回、五〇倍くらいに薄めてジョロでかん水代わりにかけますが、一〇年以上同じ場所で連作しても問題ありません。

（長野県松本市）
＊二〇一〇年六月号「木酢混用20年、味がよくて農薬半分のリンゴ」

カキ殻が溶け込んだ Ca木酢

松沼憲治

DVDでもっとわかる

水田には田植え1カ月後から4～5回、原液を流し込む

根の働きを助けて米の稔りをよくするために使っている特効薬があります。自家製の「カルシウム入りモミ酢」です。

二〇ℓ入りのポリ容器にモミ酢をいっぱいに入れて、そこに粉末カキ殻約二五〇gを入れるだけ。初めはポツポツと小さな泡が浮かんでくるだけですが、二～三分もするとカキ殻が上下に動き始め、シュワシュワと音を立てながら大きなアワが水面いっぱいにどんどん広がります。モミ酢に粘りけがあるせいか、指先で少々押したくらいではこの泡は破れません。初めて来た方にはよく見せてあげるのですが、みなさんビックリします。

翌日にもさらにカキ殻を二五〇g加えると、前日と同じように溶けてしまいます。二〇ℓのモミ酢には、だいたい五〇〇gのカキ殻を溶かす力がありそうです。ちなみに、市販の木酢液にカキ殻を入れてみたこともありましたが、自家採取のモミ酢ほどは溶けませんでした。

この中には、カルシウム以外の他のミネラルも溶けていると思います。モミ酢は自家採取だし、カキ殻も安い肥料ですから、コストを気にせず、田んぼにもどんどん使えます。葉面散布もしますが、それとは別に年間二〇ℓを、四～五回に分けて適当な時期に流し込みます。

（茨城県古河市）
＊一九九七年九月号「光合成細菌と自家製カルシウム入りモミ酢」

も自分で見て斑点米がないのはもちろんのこと、お客さんから指摘されることもまったくありません。
カメムシは、熟し始めるころのモミが好きだと聞いています。そのころに田んぼに寄せ付けないよう、モミ酢は、出穂約一カ月前に当たる七月はじめ（出穂は八月五日前後）とモミが膨らみ始める八月中頃の二回、全面散布します。殺虫剤をやめてからは、とくにこの防除適期を逃さないよう気をつけ、田植えが早い田んぼから順番に散布するようにしています。思えば殺虫剤を使っていたときは、効果を過信して防除のタイミングにそれほど気を使っていませんでした。それだけムダな防除もしていたのかもしれません。
（秋田県大仙市）
＊二〇〇八年八月号「斑点米カメムシは自然農業で防ぐ　出穂前後の特製モミ酢で激減」

育苗にモミガラ

軽いモミガラのおかげで苗運びはラクラク。
おまけに、苗の根張りをよくして、本圃に植えてからの生育まで変える。

モミガラ

野積みモミガラ100%培土は病気に強い

群馬県板倉町・松本勝一さん

「モミガラ培土は軽くていいよー。3寸ポットなら、一度に28個運べるよ」と松本さん
（赤松富仁撮影、他も）

放っておくだけでできる培土

松本さんのキュウリの育苗培土は、なんとモミガラ一〇〇%、完全無肥料。やり方は次のとおりだ。

毎年秋に、イネ一ha分ほどのモミガラを家の裏の空き地に放っておく。家の裏には五つか六つ、つまり五～六年分の山があって、そのまま野ざらしになっている。年に二回くらい、気が向いたときに、外側を中に入れるような感じにスコップで軽く切り返す。

育苗の季節になったら、いちばん古い山から崩してそのまま培土に。五～六年たって、かさは若干減っているが、モミガラの形はちっとも崩れていない。色はちょっと茶色っぽくなっている。

このまま何も混ぜない。肥料だって入れない。夏なら二週間、冬なら三〇日間くらい育苗する。モミガラは水はけがいいから、ちょっと水をくれすぎたなと思っても、すぐ乾いてくれる。土が多く入っている培土だと、水のくれすぎは根を傷めるが、モミガラ培土ならかん水の失敗はほとんどない。

それに根張りがものすごくいい。根が鉢の外をまわるのではなく、培土の中にグーッと入り込んでいく。一本一本の根がしっかりモミガラを抱いて、軸を持っ

抑制キュウリの定植苗

巻いている根はほとんどない。根は鉢土の外を這うことはせず、中へ食い込んでいる

て振り回してもモミガラ根鉢が崩れないような苗になる。

冬の促成の場合、夏の抑制の場合

冬場の促成栽培の育苗のときは、ふつうに播種床に播いたものを、接木してモミガラ培土へ移植する。三〇日くらい時間をかけるので冬は三・五寸のポット。水のくれすぎで根を傷める人が出るのはこの季節だが、松本さんにはその心配はない。

夏の抑制栽培の育苗のときは、軽い苗をさらに軽くするため、三寸ポットを使う。キュウリもカボチャも両方とも直接モミガラに播種。このときの覆土にだけ、市販の園芸培土をほんのさかずき半分ほど使う。モミガラの覆土だと、タネにとってちょっと軽すぎるかなと思うのと、発芽くらいは完全無菌の土をかぶせてやったほうが、立枯れなんかの危険が少なくなるかなと考えるからだ。

肥料の入った培土の苗は、病気をしょって本圃に出る

それにしても、本当に無肥料でキュウリの苗はできるのか?

「いや、苗を育てるくらいのチッソは、モミガラからとれると思うんだよね。ものが腐ると栄養分は自然に出てくるでしょ」と松本さん。

松本さんがモミガラを五年も雨ざらしにしておいてから使う意味はここにある。以前、新しいモミガラでつくってみたこともあるが、苗は黄色く、いや茶色くなってしまった。明らかに肥料不足だ。二、三年たったものを使っても、やっぱり少し物足りなくて、有機肥料か何かを入れてやりたくなる。だが、五、六年たったモミガラなら、不思議なことにそれだけでちゃんと苗が育つのだ。

ずっと前は、松本さんもワラと豚糞や鶏糞を積んで堆肥をつくり、それを床土にしていた。だがその頃はもう、病気だらけの生育でどうしようもなかった。苗のうちから胚軸が腐って灰カビが入ったり、地際から腐ってきたりした。苗のうちから肥料をたっぷり食わせたキュウリは、ものすごく病気が多い。肥料の多い培土で育苗するということは、苗のうちから病気をしょっていかせることだと松本さんは思うのだ。

だから極力、無肥料で育てたい。モミガラと、モミガラに取り付いたいろんな微生物の生み出した栄養分を吸って、若葉色に育った松本さんのキュウリ苗は、本圃にいってから、急に色がのってくる。

＊一九九七年三月号「モミガラだけで育ったキュウリは、病気をしょわない苗になる」 編

発酵モミガラ培土なら納豆菌あふれる強い苗

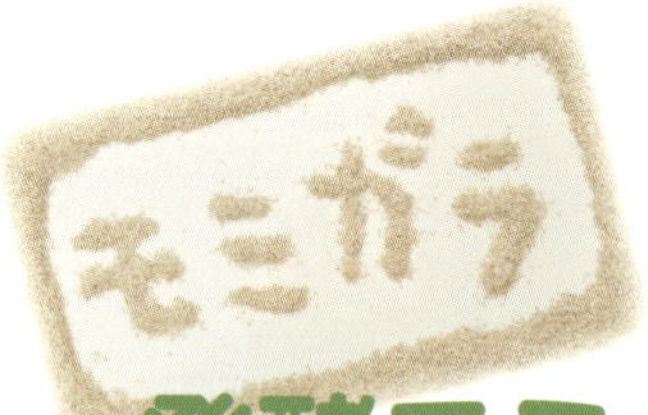

長野県佐久市・佐藤長雄さん

イチゴの高設栽培の培地に使ったら無農薬無肥料栽培が実現。イネの床土に使っても、無農薬（種子消毒もなし）で病気も出ないし、ものすごい根張り。本田に植えても、吸肥力が強いからか元肥チッソを従来の半分に減らしたくなるほど生育が旺盛――。これが、佐藤長雄さんが体験したモミガラ培土の不思議な力だ。

佐藤さんはライスセンターも経営しているので、毎年700～800ha分のモミガラが出る。モミガラにはケイ酸も多いらしいし、発酵させて微生物をたっぷり繁殖させれば、いろいろ使い道があるのでは、と考えたのが最初だった。

モミガラを発酵させるには、いかに吸水させるかが問題だ。思いついたのは、エノキダケの菌床つくりの機械を使う方法。これを使うと、モミガラは形はそのままで、しっとりと水分を含む。発酵促進のために若干の米ヌカなども一緒に混ぜたら、山にしてビニールをかけておくだけ。40度くらいで２週間経過すると、その後65～70度まで上がって２カ月くらいそのまま。このときに、高温が好きで、世の中でもっとも強い菌だと佐藤さんが思っている納豆菌が殖える。

発酵モミガラは、とりあえず３カ月あれば完成。

イネの苗は100ｇ播き。苗箱には、発酵モミガラを７割、残り３割の半分をくん炭、もう半分を肥料入りの山土。１箱当たり0.3ｇのチッソしか入っていないので、丈はなかなか伸びないが、根はすぐに張る。ふつうは３葉にならないと根のマットができないのに、モミガラ苗は２葉でマットができてしまった。苗は軽いうえに、マットがしっかりしてるから、扱いもラクだ。

佐藤長雄さんと発酵モミガラ培地の無農薬イチゴ

＊2001年４月号「発酵モミガラ培土なら、納豆菌あふれる強い苗」

編

発酵モミガラ
（倉持正実撮影、右も）

本葉2.5葉期で、すでにこの根張り

くん炭苗はこ～んなに軽々。中富生産組合の齊藤貞夫さん

これなら
つまんででも
持てるよ

100％くん炭培土は重さたったの1.8kg
（すべて倉持正実撮影）

モミガラ 軽～い！一度やったらやめられないイネくん炭育苗

千葉県君津市・中富生産組合

「もう市販の培土だけの育苗はやれないねー」と、千葉県君津市・中富生産組合のみなさん。一昨年、一部の田んぼでくん炭育苗を試して以来、すっかり虜になってしまった。

なにせ、くん炭育苗の苗箱は重さたったの３kg弱（床土くん炭、覆土は市販培土で）。６kg近くある市販培土の苗箱と比べると圧倒的に軽い。それでいて苗質も、文句なしのできばえなのだ。

くん炭は、燻燃器（62ページ参照）を使って自分たちでやいたものを使っている。pHは7.6。pH5.5くらいがいいとされるイネの育苗培土として使うには高いが、プール育苗なら心配ないようだ。ムレ苗（★1）や立枯れ（★2）などの病気も見られず健全そのものだった。

主には床土がくん炭、覆土は市販培土を使う形だが、くん炭100％の育苗にも挑戦している。草丈はやや短くなったが、この場合も健全な苗ができている。当初、プール育苗中にくん炭が浮いてしまうのではないかと心配したが、やってみるとくん炭100％でも問題ないことがわかった（箱自体が多少浮くが、覆土だけ流れることはない）。

＊2009年４月号「軽～い！一度やったらやめられないくん炭育苗」 編

100％くん炭培土の苗
床土くん炭の苗

くん炭100％でも根張りはよく、マットがしっかり形成された。くん炭100％の場合は肥料はすべて追肥

ことば解説

★1）**ムレ苗**＝順調に生育していた苗が、発芽後10日ほどした好天の日中に急に葉が巻いてしおれ、回復しなくなる現象。根の活力低下で、葉から蒸散する水分を補給できなくなる。生育環境が悪いために根が障害を受けるという生理障害説と、ビシウム菌が寄生するのが主因という病害説がある。

★2）**立枯れ**＝リゾプス属菌、フザリウム属菌、ビシウム属菌、トリコデルマ属菌による土壌伝染性病害としての苗立枯病をさす場合と、ムレ苗による立枯れ症状とがある。

モミガラ

軽い！安い！モミガラ培土でうまいイチゴと苗販売

大地達夫

イチゴ栽培を研究するうちに「これはいける！」と直感したのが、『現代農業』に載っていたモミガラを用土に使う「るんるんベンチ」（高設栽培）。モミガラ培土に植えたイチゴは、細かい根がびっしりと充実した立派な株を実現してくれました。

さらに、実をとり終わった後、ランナーの伸びも非常によかったので、そこから苗を採り、やはりモミガラ培土で育苗。余剰苗をインターネット販売することも始めました。ポット仕立ての苗は輸送時の培土の重さがネックとなりますが、モミガラ培土なら軽量化が図れます。現在では、年間多いときで５万鉢くらいの苗の注文があります。

私のモミガラ培土の材料と混合割合は次のとおり。このままだとＥＣがゼロに近い状態なので、液肥と置き肥で対応しています。

①モミガラ　80％

近所の農家から毎年２ｔダンプで４～５台分もらってくる。１年以上雨ざらしにして、表面のロウ質が分解され、多少の吸湿性があるものを使う。

②赤土　6％

保肥力を高めるための材料。使う量もほんのわずかだが、家にある在庫を使っている。

③ピートモス　8％

保水性を確保するために使用。唯一コストのかかる材料。

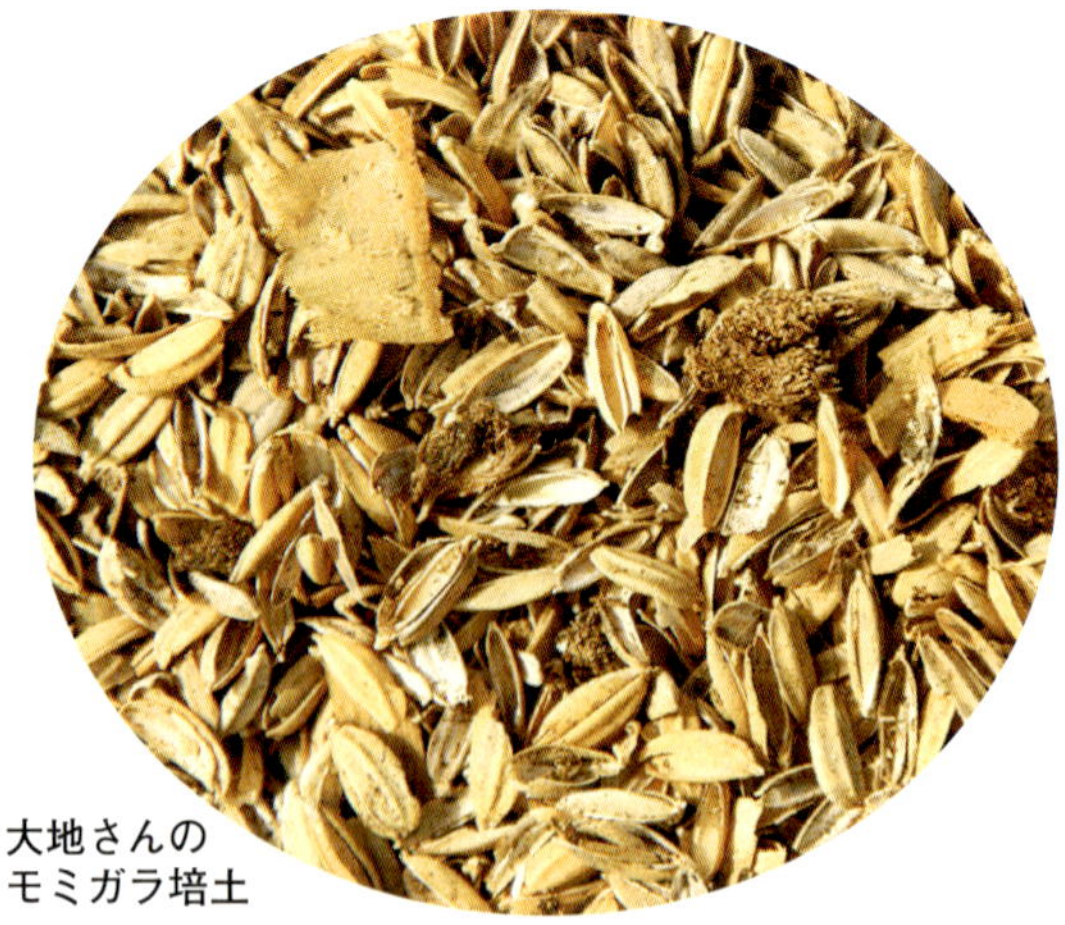

大地さんのモミガラ培土

④オガクズ　6％

知り合いの工務店が、処理に困って持ち込んだものを試しに使った。軽量化と保湿性、気相率を上げるための材料。

モミガラ培土で育てたイチゴは、じつに糖度の高い実ができます。また、この培土は軽いのはもちろん、とにかく安い。苗だけで年間６万ポット近く仕立てますが、市販の育苗培土を購入すれば、安く見積もっても90万円くらい。モミガラ培土ならタダみたいなものです。

一方、注意が必要なのは、水切れしやすいこと、チッソ切れを起こしやすいので葉の様子をチェックして対応すること、それに、有機物をエサとするコガネムシの幼虫による根の食害です。（千葉県御宿町）

＊2009年11月号「徹底的に安い、軽い　モミガラ培土でうまいイチゴと苗販売」

モミガラ培土の苗。軽いのでインターネット販売が可能になった

モミガラ

トマト苗5寸鉢にたっぷり使えるモミガラ入り培土

茨城県鉾田市・伊藤健さん

伊藤健さん。持っているのが5寸鉢のトマト育苗ポット

伊藤健さんが使っているトマトの育苗ポットは5寸鉢。このたっぷりと土が入る鉢（3号鉢の土が4杯分も入る）でないと、健さんが理想とする、地上部はこぢんまりとして根はパワーを持った「老化風若苗」はできないという。ただ、鉢が大きいだけに、これだけの量の床土を買ったら大変なこと。たくさん使うからこそ、健さんは、山の落ち葉やモミガラなどの自給できる資材を上手に使い、こだわりの床土をつくっている。

この床土は、家畜糞尿をいっさい使わない自家製の堆肥で、近くの山でかき集めてきた落ち葉に、イナワラとモミガラを混ぜて、2年間寝かせたものだ。床土に使う落ち葉はトラック8台分、イナワラとモミガラはそれぞれトラック2台分。せっかく苦労して集めてきた落ち葉だが、1年もすると、みるみるうちに目減りして半分になってしまう。でも、モミガラは腐らずに残るので、2年も置くと、その床土の3～4割がモミガラに見えるほどだ。いつまでも形が変わらないモミガラが多く入った床土は、物理性がとてもよい。排水もよくなって、細根の張る気層がいっぱいになるわけだ。

落ち葉は、シイタケの原木を育成する広葉樹の山に入り、延べ日数で10日間くらいかけてかき集めてくる。いっぽうモミガラは、近所のカントリーから60ℓの米袋でもらってくる。こうして集めたものを混ぜて堆肥や床土にするのだが、床土に使うには2年間寝かせる。自然のミネラルたっぷりの床土を大きな5寸鉢に思う存分入れてじっくり育苗すると、とてもいいトマトの苗ができるのだ。

播種箱の底にはくん炭

伊藤さんは、くん炭にやいたモミガラも愛用している。トマトの播種箱の底にモミガラくん炭を5㎜くらい敷くと、くん炭の層に達した根は、その部分から通常の根の色とは違う、透明な根が出るのだ。しかもその量も多い。炭の層に根が当たると、そこから根が分岐して、無数の毛細根が出るという。

＊2005年11月号「トマト　5寸鉢にたっぷり使えるモミガラ入り床土」「モミガラくん炭の層状施用で透明な根が分岐する」 編

床土にする2年目のモミガラ入り落ち葉堆肥。形が残っているのはモミガラと小枝だけ（赤松富仁撮影）

モミガラで土壌改良

粘土質が強くて転作しようにも野菜はつくれない。砂地で肥持ちが悪い……。
そんな土質の悩みを抱えた畑にもモミガラをどんどん使おう。

モミガラでガチガチ粘土の転作田が劇的改善！

兵庫県丹波市・和田豊さん

モミガラを入れるようになってからフトミミズが殖えた

ガチガチの畑がフカフカに

「これが、三年前までは田んぼだった土です」

和田豊《みのる》さん（七六歳）はそう言って、転作田の黒ダイズの株元から両手いっぱいに土をすくい上げた。培土して寄せた土ではあるが、元はガチガチの粘土。それが今ではサラサラだ。昨年の冬に、一〇ａ当たり軽トラック山盛り一〇台分のモミガラを入れたというだけあって、モミガラがそのままの形でたくさん混じっている。

一方、同じ量のモミガラを二年に一度入れているというビニールハウスのほうも、やっぱり以前は田んぼだったところ。それが、長靴のかかとでどんどん掘れるほど軟らかい。歩くと、足の裏に弾力を感じるくらいフカフカだ。モミガラ混じりの表土はコロコロに団粒化している。

このハウスでつくる青ネギ・コマツナ・ホウレンソウ・ミズナなどの軟弱野菜は、隣町のスーパーがわざわざ直接仕入れに来るほどの人気。夏の間だけハウス一棟でつくるトマトは、和田さん宅まで直接買いに来るお客さんで売り切れてしまうとのこと。

これ、みんな、モミガラのおかげというのだ。

フカフカになったビニールハウス内の土をすくいあげる和田豊さん（数カ月、何も作付けていなかったところで、足元に見えているのは雑草）。軟弱野菜などをつくるビニールハウス40ａ、丹波黒大豆30ａ、小豆30ａ、イネ80ａの経営

牛糞堆肥で野菜をつくれるようになったが…

このへんでは、昔はどこの家も近くの山から採った赤い粘土を壁土にした。田んぼの土も同じで、壁土に向くほど粘りが強いので排水が悪い。そのせいか米の収量はあまりとれないが、山からしみ出た水がきれいなので味はいいと言われてきた。

昔、耕土を深くしようと耕耘機に犁を付けて起こしたら、犁の先が硬い粘土の塊に刺さって鋳物のヒッチ（連結部）が壊れたことが二回もある。それくらい硬いので、米はできても野菜はつくれないと言われてきた。

米だけでは食べていけないので勤めにも出たが、やっぱり農業がしたい。それで勤めをやめたのが五五歳の頃だ。和田さんは、野菜をつくるため、まず水はけをよくすることを考えた。ハウスとハウスの間の耕土を削ってハウスの中になるところへ盛り、ハウスそのものが大ウネになるようにした。そして赤土の粘土をふたたび改善するため、一年目は牛糞堆肥を一〇ａ二・五ｔ、生鶏糞を同じく二〇〇kg入れ、ソルゴーをつくってすき込んだ。

二年目からは土づくりは牛糞堆肥だけ。肥料は有機肥料をＥＭボカシにして

黒ダイズの畑も3年前までは水田だったが、モミガラのおかげで土がフカフカになった

入れてきた。土がよくなったのは確かで、全体を高ウネにしても水がよくたまっていたのが横に抜けるようになった。

その後は、メインの青ネギもそのほかの葉ものもよくできた。だが、和田さんいわく「だんだんに土がぼけてきた」。堆肥の施用を二年に一回とか三年に一回に減らしてみたが、収量はそこそことれても、病気が出る、いいものがとれない……。

肥料分過剰の土が山の土に近づいた

そんなとき、「現代農業」の記事で知ったのがモミガラの効果だ。モミガラはライスセンターからタダでいくらでも手に入る。しかも軽い。和田さんは初めから思い切った量を入れてみた。四aのハウスに、軽トラックに満杯のモミガラを四台分、ハウス全面に一〇cm近く積もったモミガラをすき込むと、「完璧や!」というくらい、ものすごくきれいな野菜がとれるようになった。これが七年ほど前のことだ。

和田さんが考えるモミガラの効用は三つある。

①空気と水を保持する。
②チッソなどの肥料成分をほとんど含まない。
③腐敗菌が殖えない。

モミガラを混ぜれば空気が入るのは誰でも想像がつくが、自分で実践してみると、水分を保持する効果もあるのがよくわかるという。とくに破砕したり、粉砕したりしたモミガラである必要はない。モミすりして出た、ただのモミガラ。土に混ざったモミガラは、水を吸い、それを保つようになる。ちなみに和田さんの今年の雨よけトマトは、猛暑にもかかわらず、七月末時点まで一度もかん水せずにすんでいた。

腐敗菌が殖えないのは、かつて牛糞堆肥を入れていたときと比べても明らかだ。粘土質の土との兼ね合いか、堆肥の質も影響したのか、堆肥を入れていた頃のハウスの土はくさいニオイがすることがあった。

「ニオイは生命の秤やいいますね。堆肥では、チッソが過剰になり、腐敗菌が殖えやすかったんだと思います。その点、モミガラは山の落ち葉や枯れ草と同じでチッソはあまりないし、悪い菌が殖えない。モミガラを入れるようになってから、肥料のバランス、微生物のバランスがとれて、ミミズやなんかの小動物がたくさん殖えてきました」

モミガラを入れてきた土は、山の土、キノコが生えるような土のニオイがするそうだ(実際、春や秋にはハウスの中にキノコが生える)。モミガラには、

ハウスの土の表面。乾燥したところは、コロコロした大きな団粒ができている。これはEMボカシにして表面施用する米ヌカやオカラなどの効果か――

肥料が多くなりすぎた土、腐敗菌が殖えた土のバランスをよくする力がありそうだ。

耕作放棄田でも大成功

しかし、モミガラの威力はそれだけではない。

和田さんは、公民館活動で高齢者の野菜づくりを指導しているが、そのために借りた畑もモミガラで変わった。やはり粘土質の減反田。基盤整備したものの五年ほどは草を生やしたままだった。生えていた草はヨモギやスギナ、チガヤなどで、こんな野原のようなところで野菜がうまくできるとは正直、誰も思わなかった。

ビニールハウス内の土（左）と外の土（右、土壌改良前の状態と考えられる）の重さを比べてみた。モミガラのおかげで空気の層が多くなっているのは明らか

自分のハウスと同じ要領で、秋に軽トラ満杯のモミガラを一a当たり一台入れてトラクタで耕耘。作付け前に米ヌカやオカラを材料にしたEMボカシを入れ、ジャガイモを植えると、できたのは小さいイモばかり。だが、その後にダイコンやニンジン、葉ものをつくるとふつうにできたし、二年目のジャガイモはウソみたいに大きいのがゴロゴロとれた。しかもイモの肌がきれいだ。

「『手で掘れる!』いうてね、女の人たちは大喜びでした。このあたりは、根菜をつくると収穫のときに折れたりちぎれたりするいう土ですから、収穫がラクなのが年寄りの人たちにはいちばん喜ばれます」

モミガラで土がやせることはない

農業といえば米の地域だからモミガラはたくさん出る。でも、モミガラを入れると田んぼがやせるといって、みんな使わないのだそうだ。ところが入れてみると、こんなにいい土づくり資材はない。堆肥を入れすぎた土でも、ほったらかしの荒地でも土壌改良できる。

モミガラ施用を始めて七年の和田さんによると、最初は二年続けて、その後は様子を見ながら二年に一回くらい入れるのがよさそうだという。耕耘するのは、このモミガラをすき込むときだけで、施肥は、米ヌカ・オカラ・魚カス・鶏糞灰にEM活性液をかけてボカシにしたものを表面施用。量は、野菜の葉色が、自然の草と同じくらいにするのが目安だそうだ。モミガラを入れるからといって、特別にチッソ成分を多くしたりはしていない。

＊二〇一〇年十月号「粘土の悩み　モミガラでなんとここまで変わるか!?」 編

ことば解説

★**EMボカシ**＝EMとは、乳酸菌、酵母、光合成細菌が主体という液状の微生物資材。水といっしょに米ヌカなどの有機質資材と混ぜて発酵させ、ボカシ肥にしたものがEMボカシ。

モミガラは粘土にも砂地にもいい

モミガラ表面施用五年＋表層五㎝耕で重粘土を改良

三重県松阪市・青木恒男さん

青木さんの野菜・花づくりは、重粘土の水田転換畑とのたたかい。ちょっと湿り気のあるところの土を練れば、粘土細工が作れるほどの土だ。これを改良するのに活かすのがやはりモミガラだ。

かつて土壌改良のために、牛糞堆肥やシメジの廃菌床を大量に深くすき込んで大失敗したことがあった。それをきっかけに学んだのが、重粘土の転換畑で耕す場合は、作物残渣や雑草を土と混ぜる程度に表層を浅く五㎝のみにしたほうがいいということだ。

とはいえガチガチの田んぼで、外からの有機物を何も入れずに畑にするのはさすがに厳しい。そこで青木さんは、毎年秋、転換予定地に一〇a当たり約二ha分のモミガラを表面に敷きつめて放置する。それを五年間繰り返した後、ロータリの爪が土に五㎝くらい食い込む深さですき込むというやり方をしている。

モミガラは、余計な肥料分がないうえ、水はけをよくする効果もあり、逆に一定の水を蓄える力もある。分解には時間がかかるものの、微生物が着実に増えていく。

その後、作物を植え付けたら、なるべく耕さず、残渣と雑草を置いていくだけの管理を継続する。すると、何を植えてもよく育つ、地表サクサク、下はガチガチの畑ができるという。 編

砂地の肥持ち改善にモミガラ、ピーマンにツヤが出た

茨城県神栖市・原 秀吉さん

原さんのハウスにお邪魔すると、海水浴場の砂浜と同じようなサラッサラの砂。この地で原さんは三〇年以上ピーマンをつくり続けてきた。

砂地は余計な肥料が効かなくてつくりやすい面もあるが、肥料持ちが悪い。そこで保肥力を上げようと牛糞堆肥を大量に入れたことがある。するとピーマンにウドンコ病が大発生。二〜六t入れて比べてみたのだが、堆肥の量に比例して病気の出るスピードが速くて、いったん出ると止まらない。いっぽう堆肥を入れなかったハウスは健全そのもの。砂地に肥料っ気の多い堆肥を入れすぎたせいで、チッソが効きすぎて根傷みしたようだ。

それに懲りた原さんが、次に注目したのが肥料っ気のない有機物。その一つがモミガラで、二〜三年野積みしたモミガラを入れてみたところビックリするほどピーマンにツヤが出た。

モミガラは、自分の田んぼからとれるのでタダなのもいい。以来、この野積みモミガラを、ピーマンの一五㎏のコンテナで、一〇aにだいたい二六個分。どのハウスにも植え付け前に必ず入れているそうだ。

＊二〇一〇年十月号「土質の悩み・有機物のギモン　地力探偵団が行く」 編

モミガラを入れてから、ツヤが出るようになったというピーマン
（赤松富仁撮影）

「モミガラで土壌改良」のギモン

Q モミガラの何が土壌改良にいいんだろう？

千葉県農林総合研究センターの斉藤研二先生によると、モミガラは「入手しやすく、土質を選ばず物理的空間を作る有機物」。新しいモミガラは水をはじくが、一度水を吸えば水を保つようになる。土は、表面が乾いていても五cm下は湿っているものなので、土の中にすき込んだモミガラは水を保つそうだ。

また、モミガラは一見硬いようでも、船型の内側は軟らかく、そこに微生物が取り付いて分解が始まる。水と空気を保ちながら土の中でじっくりと分解するので、使いやすい有機物といえる。

砂質の畑に腐熟していない生のモミガラを大量に入れると、粗孔隙が増加して乾燥を助長する可能性もあるが、くん炭にしたり、腐熟させたモミガラなら保水効果が期待できるそうだ。

Q 生のモミガラを入れてもチッソ飢餓は心配ない？

佐賀県農業試験研究センターの土壌肥料研究室は、水田の裏作に生モミガラを施用し、チッソ飢餓の影響を試験している（二〇〇〇年）。大麦を栽培した場合だが、その試験結果は次のとおり。

①水田裏作の大麦に生モミガラを一〇a当たり二t施用しても収量に影響はなかった。

②一t施用した場合、土壌中の全炭素は約一〇%、交換性カリは三〇%増加し、気相率は八%から一五%に増加する。

③モミガラの分解のために土壌や肥料からチッソを取り込むが、大麦の生育・収量に影響はなくチッソ飢餓対策は不要。

④二tまでの施用なら収量に影響は少ないが、乾燥年に二t施用すると発芽苗立ちが遅れ初期生育の低下が懸念されるため、施用量の上限は一t程度としている。

モミガラのC／N比は七〇程度なので、分解の際にはチッソを取り込むと考えられるが（C／N比二〇を境に、それより大きいとチッソを取り込むといわれる）、オガクズやムギワラと比べると小さい（表参照）。また、モミガラの炭素は、オガクズほどではないが、難分解性のリグニンを構成している割合が比較的大きい。そのため土の中でゆっくり分解するからなのか、チッソ飢餓はそれほど心配する必要はなさそうだ。

ちなみに、六ページの赤木歳通さんは、モミガラをたくさん入れるときは「鶏糞を適当に振ってやる」といっている。

＊二〇一〇年十月号「有機物のギモンを探偵　モミガラ」　編

有機質資材の有機成分組成（乾物当たり%）

	C/N	灰分	粗デンプン	セルロース	リグニン	粗タンパク
鶏　糞	6.0	45.0	11.7	10.2	9.5	25.6
完熟堆肥	10.9	45.1	6.7	6.8	21.3	15.6
乾燥牛糞	15.5	39.8	10.9	15.9	17.3	12.4
中熟堆肥	16.1	37.7	7.9	13.4	25.4	12.2
バーク堆肥	19.3	33.2	4.9	12.2	36.7	12.2
水稲根	45.9	15.5	22.8	31.8	17.1	5.6
イナワラ粉末	60.2	12.8	25.0	37.0	11.2	4.1
モミガラ	74.1	18.6	16.3	41.9	20.6	3.4
小麦ワラ	126	10.9	21.6	48.2	15.5	2.1
オガクズ	242	1.3	10.9	48.2	30.5	1.3

注）農業技術大系・土壌施肥編6-1巻、「有機物による窒素変動と施肥」志賀一一執筆より。
編集部で一部改変

種イモ・球根を保存するモミガラ山

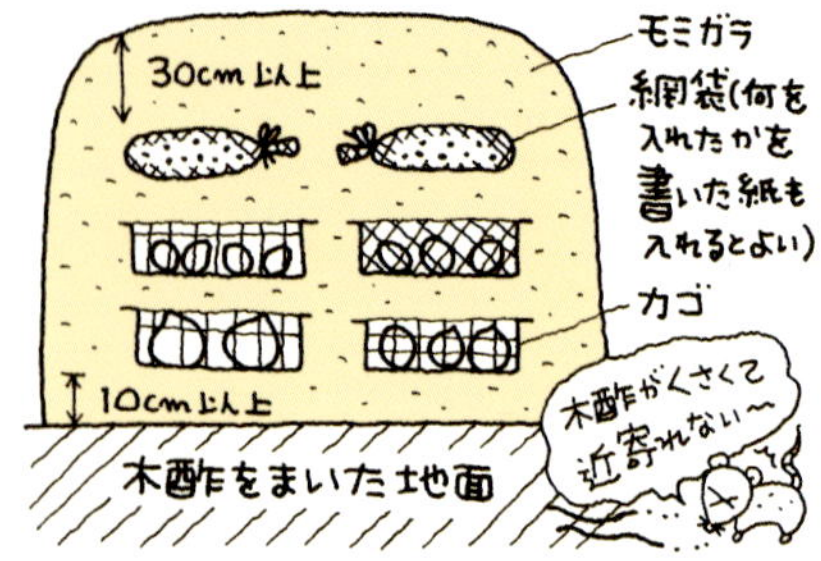

(松村昭宏撮影)

秋田県・草薙洋子さんの 種イモ・球根保存法

★畑で保存する場合

①畑に木酢液を広めに散布。イモや球根をねらってくるネズミよけ
②モミガラを地面から10cmくらいの厚さに敷く
③イモ類はプラスチックのカゴに、オキザリスなどの花の球根で細かいものなどはイネの種モミ袋に入れた状態で、モミガラの上にならべる
④その上にモミガラをかぶせ、またイモや球根をならべ……と、サンドイッチに積んでいく
⑤一番上はモミガラが30cm以上の厚さになるようにする
⑥秋田は雪が降るので、そのまますっぽり雪の中。適度に保温もされる

★ハウスの中で保存する場合

２月くらいから掘り出して、育苗・早出しするのによい。積み込み方は、畑の場合同様。写真のように米の乾燥機の外側部分を枠にすると便利。

＊2005年11月号「種イモ・球根の貯蔵」

長野県・石川雅忠さんの 春までヤーコン保存法

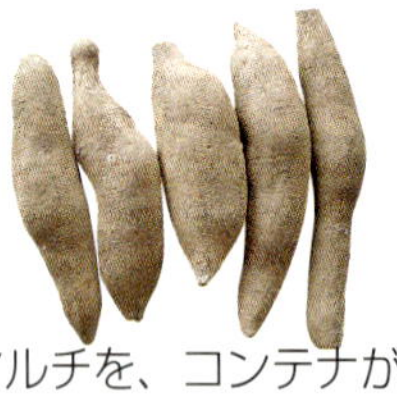

①ハウスの廃ビニールや廃ポリマルチを、コンテナがすっぽり包めるくらいの大きさに切ってコンテナの中に敷く
②中にモミガラを少し入れる
③新聞紙で一つ一つ包んだヤーコンを②の中に並べ、その上にモミガラ、またヤーコンと、繰り返し入れていく
④ヤーコンが露出しないように一番上にモミガラを敷く
⑤上をビニールで覆うが密閉はせず、ビニールを合わせる程度にする。ヤーコンが蒸散した水分がこもらず、逃げきらない程度に
⑥気温がマイナスにならず、暖房が効いていないようなところにコンテナを置く

＊2009年11月号「とっておきのイモ保存術」

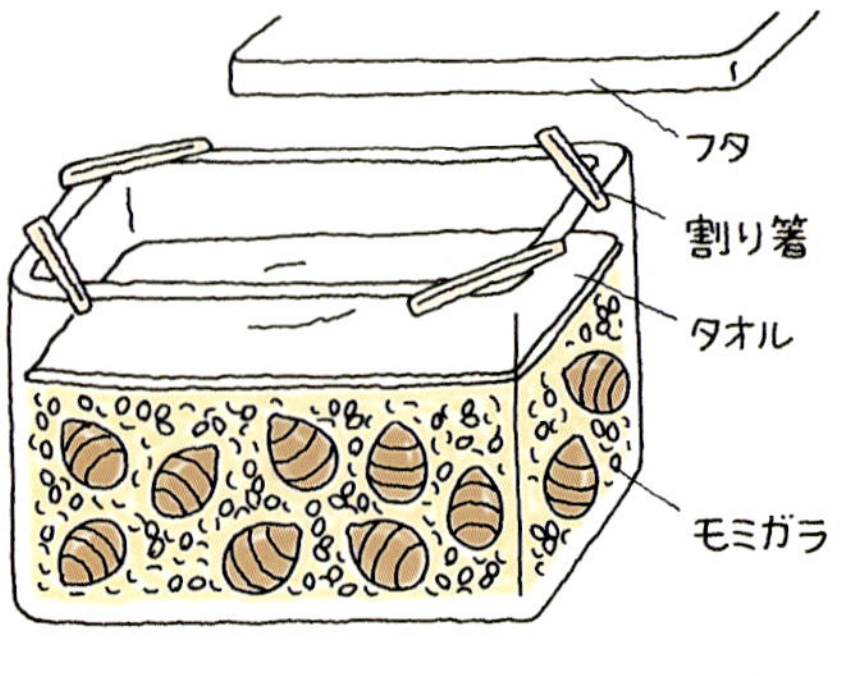

イモの保存にも モミガラ

通気性・断熱性・保温力・吸湿力もあるモミガラ、
冬場のイモの保存にも便利に使える

（岡本央撮影）

ご飯を炊くのにも モミガラ

じつはモミガラは燃料としてもすぐれていた

元祖・全自動炊飯器 その名もヌカ釜

阿部春子

新潟県南魚沼地方では「ヌカ」というと、モミガラのこと。「ヌカ釜」とは、モミガラを燃料としたかまどのことです。五〇年ほど前までこの地方のどこの農家でも大きなヌカ釜でご飯を炊いていました。

　モミガラをヌカ釜に仕込み、着火剤のスギに火をつければ、あとは自然とモミガラに火が燃え移り、一気に強火になる仕組みです。スギが燃える際の弱火とモミガラが燃える強い炎で、はじめちょろちょろ中ぱっぱ……、まさにその通りの炊き方です。

　火をつけてから七～八分すると、蓋の下から白い泡がブクブクと湧き出し、ご飯の甘い香りが漂ってきます。火が徐々に弱まっていき、二〇分ほどでモミガラが燃え切り、そのまま蒸らしの状態に。その後二〇分たてば出来上がり。

　合計四〇分、火をつけてからただ待っていただけなのに、静かに蓋をとってみると、電気釜やガス釜にはないほどのピカピカの炊き上がりです。体験施設「上田の郷」では、このヌカ釜炊き体験を実施中。ご飯の粒が一粒ずつ立っているようで、体験された方は思わず声を上げてくださいます。

　ヌカ釜の一番のお手柄は、平成十六年の中越大地震で電気もガスも止まり、とても大変なときに大活躍したことです。これからの生活になくてはならないものとして改めて認識いたしました。ヌカ釜は魚沼の農家の宝物の一つです。

（新潟県南魚沼市　上田の郷）

＊二〇〇六年十二月号「元祖・全自動炊飯器その名もヌカ釜」

ヌカ釜の段取り

丸い筒型の釜の中にひとまわり小さな円筒を入れ、まわりにモミガラを入れる

↓

中の小さな円筒に着火剤のスギの葉を入れ、火をつける

↓

火がついたことを確認した後、お米の入った羽釜を載せる

↓

40分たてば、自然と炊き上がる

福島県・安藤信子さんの サトイモ保存法

①サケが10本ぐらい入る大きめのトロ箱（発泡スチロール）にモミガラとサトイモを入れる

②バスタオルなどをちょうどいい大きさに折り、モミガラの上に敷く

③割り箸で空気の抜け道をつくって、フタ。密閉すると露がつき、それが冷えてイモを傷めてしまう

④ 廊下など、屋内の暖かい場所に置いておく

＊2009年11月号「とっておきのイモ保存術」

モミガラ活用に役立つ機器

トラクタ用モミガラ散布コンテナ

もみがらマック

特徴は、①モミすり機より直接投入、②ブリッジ現象が起こりにくい、③薄まき、厚まきが可、短時間で排出可、④ダンパーの開閉は手動と電動が選べる、⑤分解して壁に立て掛け収納可。機種は20ａ型、30ａ型、40ａ型、50ａ型がある。価格は31万5000～52万6000円

もみがらマック

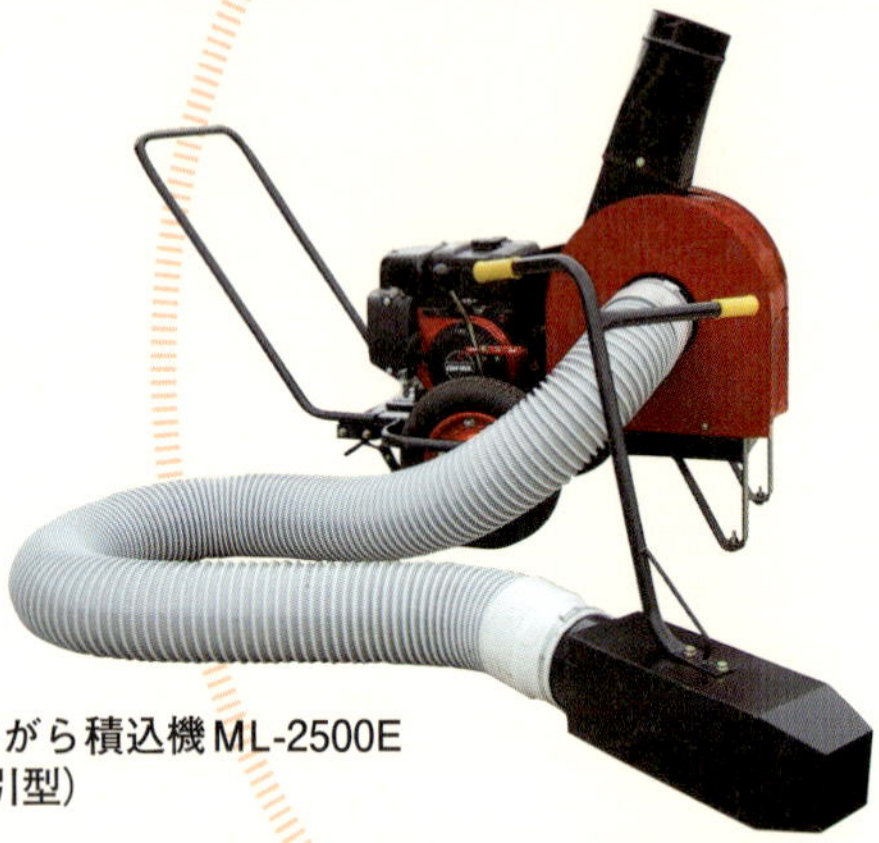

もみがら積込機ML-2500E
（吸引型）

もみがら積込機

投げ込み型…本機に付いているホッパーに、スコップ等でモミガラを投入すると、吹き飛ばしてトラック等に積み込める（ホッパーの角度調整可）。動力はモーター仕様。価格は13万3350円（MK-80、モーターなし）。

吸引型…掃除機を使うようにモミガラを吸引、吹き飛ばしてトラック等に積み込める。吸引ホース３ｍ付きで、エンジン付きとモーター付きがある。ML2000M型はエルボー付で横方向に吹き飛ばす。ML2000M以外の機種はエルボーがなく斜め排出（角度調整可）。

価格は24万8850～45万1500円。

両タイプとも、オプションのBIG-1L（延長ダクト）を先端に取り付けることでモミガラのスムーズな積み込みが可能になる

イガラシ機械工業㈱
山形県東田川郡三川町大字横山字袖東13-1
TEL 0235-66-2018

籾がらコンテナMKS-4

籾がらコンテナ MKS-4/MKS-6（シートタイプ）

軽トラック用と普通トラック用の２種類があり、約４反歩・６反歩のモミガラを積み込める。上面のみメッシュ、側面・前後方はシートのためホコリの心配がない。アルミフレームで軽量。希望小売価格　MKS-4：６万5100円、MKS-6：８万6100円

まい太郎MT-25XQ

籾ガラ集積散布機
まい太郎MT-25XQ

強制ベルト排出機構により、満載したモミガラ約25俵分を5～6分で均平に散布可能。本体内部にはブリッジ現象解消機構も内蔵。価格 40万5300円

くん炭機
DX-574

トレーラーダンプ式
籾ガラ散布機DN-1811

くん炭機

くん炭とモミ酢液がとれる。容量565ℓ。価格はスチール製DX-574：27万7200円、ステンレス製DX-574ST：69万9300円

トレーラーダンプ式
籾ガラ散布機DN-1811

トラクタの油圧機構を活用して本体上部を持ち上げることで約40俵分のモミガラを短時間で一挙に圃場に排出可能。ならし板で均平にできる。価格 30万6075円。

底床が電動開閉し、約60俵分のモミガラを均平散布できるNK-3011は価格 81万1650円

㈱熊谷農機
新潟県燕市熊森1077-1
TEL 0256-97-3259

籾がらコンテナ
M-550/M-1000（ネットタイプ）

軽トラック用と普通トラック用の2種類があり、約3反歩・5反歩のモミガラを上面、後方より積み込み可。ネット状なので風が抜け、モミすり機への影響がなく、モミガラの量もわかりやすい。幅、長さをトラックの荷台に合わせてスライド調節、折りたたんでの収納が可能。希望小売価格　M-550：5万1450円、M-1000：6万7200円

籾がらコンテナM-550

㈱ホクエツ
新潟県燕市物流センター 2-29
TEL 0256-63-9155

もみ殻擂潰《らいかい》装置
ミルクル・ミニ

モミガラをすりつぶすことで自重の3倍の吸水量を確保できる（そのままでは1.5倍程度）。園芸用の育苗資材として、あるいは畜産用の敷料・粗飼料・堆肥化水分調整材など、用途が広がる。処理能力は200kg／時。希望小売価格 231万円

㈱北川鉄工所
広島県府中市元町77-1
TEL 0847-45-4560

ミルクル・ミニ

燻燃器

モミガラからくん炭とモミ酢液がつくれる。投入モミガラ量180ℓ・320ℓ・430ℓのタイプあり。希望小売価格は13万1250円（203AS：耐熱鉄鋼容器、180ℓ）～37万8000円（500SS：ステンレス容器、430ℓ）

香蘭産業㈱
神奈川県平塚市下島 546
TEL 0463-55-0528

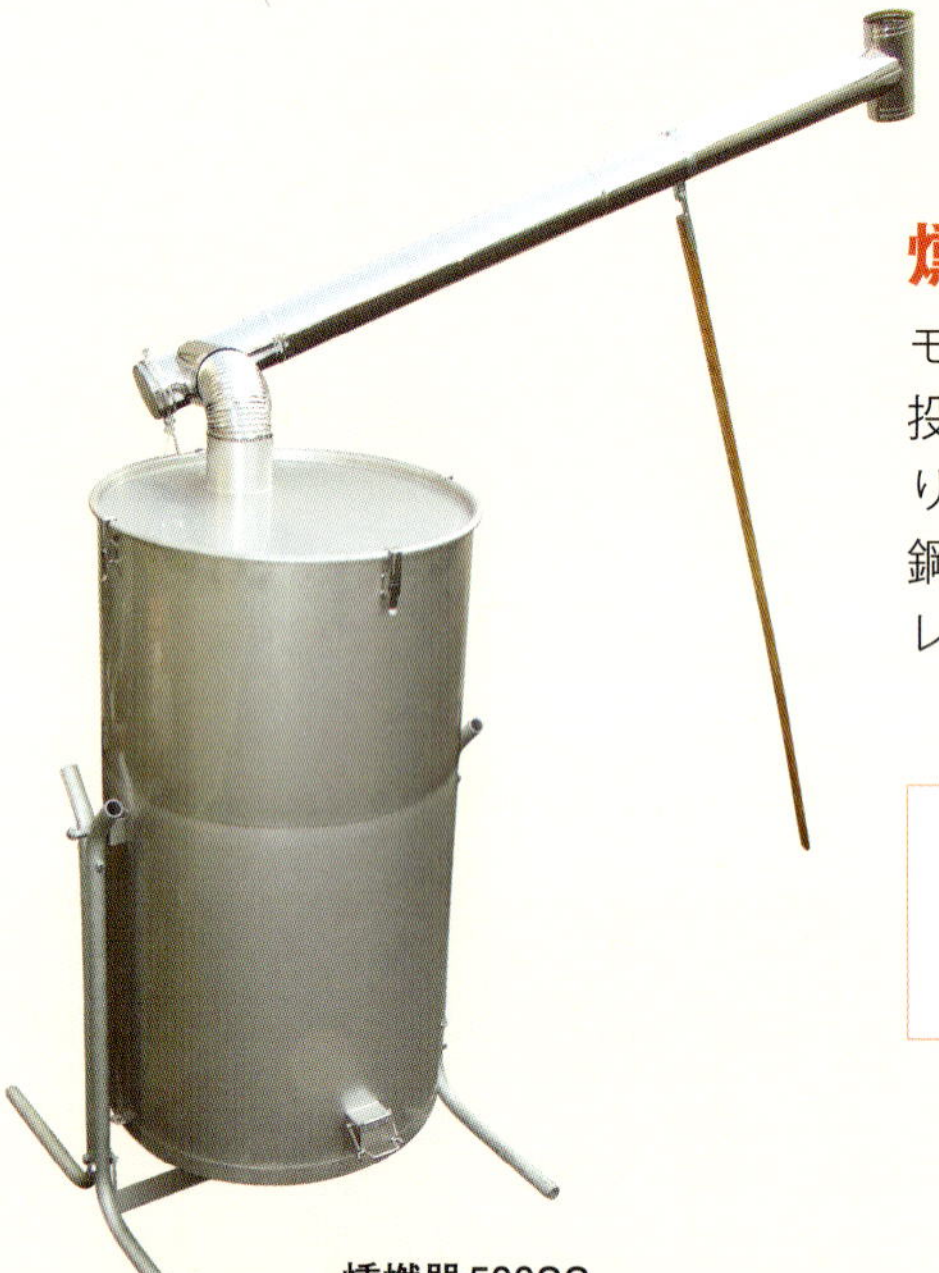
燻燃器500SS

もみ殻暖房ホットくん

スクリューコンベアもしくはバネコンでモミガラを供給。能力は5万1300kcal／時（モミガラ13.5kg）。農業用ハウス300坪用：131万2500円、同500坪用：147万円

㈱資源開発ネイチャー
岩手県奥州市前沢区古城北町 54-1
TEL 0197-23-7563

ホットくん

あづみ野クン太郎

発熱を暖房に利用できるくん炭製造器。モミガラは自動供給、くん炭製造能力は12時間稼働で504ℓ／日（モミガラ約800ℓ）。最大熱出力：2万4000kcal／時。価格は183万7500円（標準装備一式）

㈱武井建設
長野県安曇野市豊科南穂高3757-2（環境事業部）
TEL 0263-72-8735

あづみ野クン太郎

エコボイラーゼロ

モミガラを燃料にくん炭を排出するボイラー。燃料であるモミガラの投入から、燃焼後のくん炭の排出まで全自動。給湯、暖房、床暖房などに利用できる。定格熱出力：2万kcal／時。本体価格：68万2500円、付属品を含めて約81万円

日本ホープ㈱
福島県須賀川市今泉字町内291（福島営業所）
TEL 0248-65-1231

エコボイラーゼロ

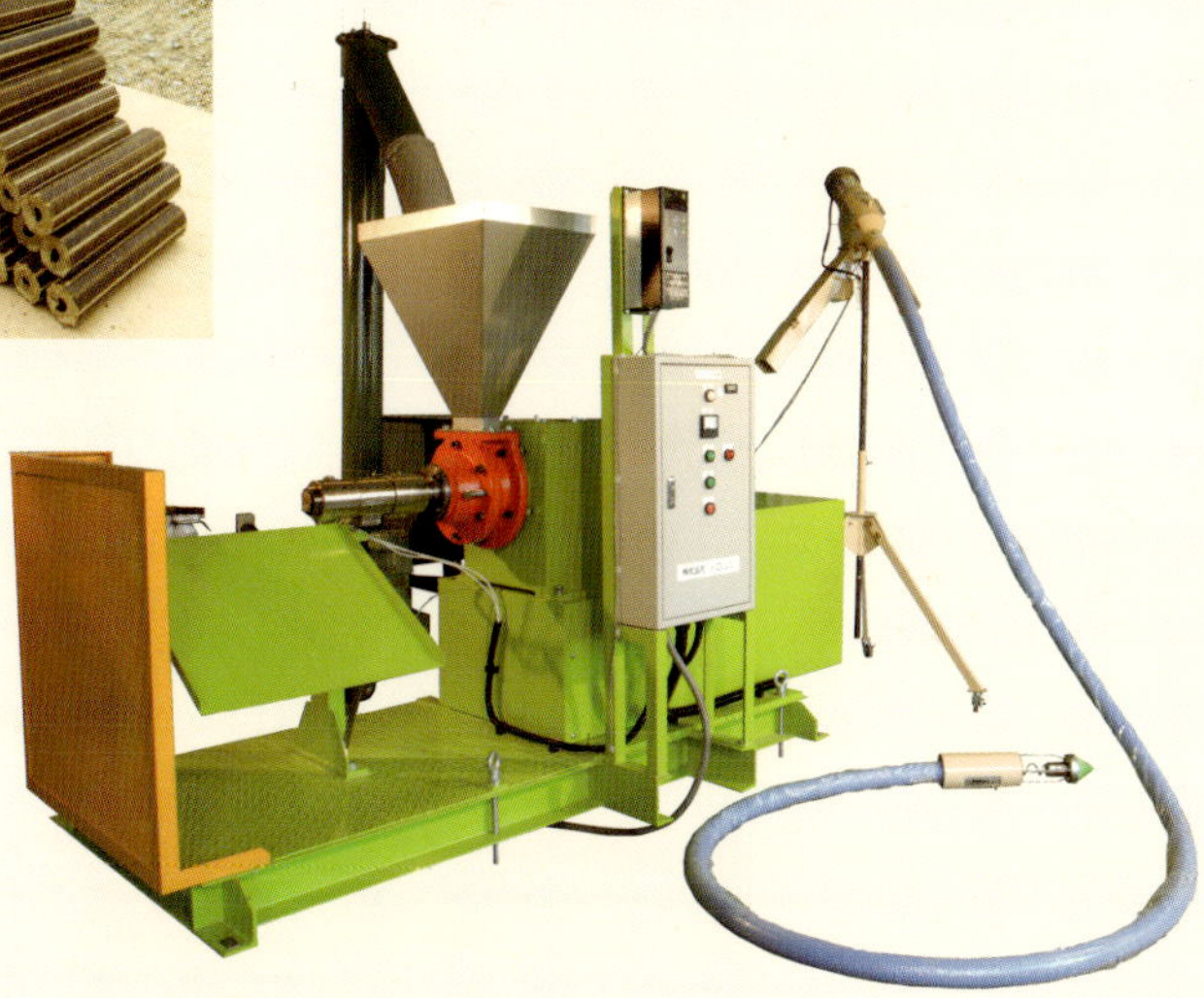
グラインドミルとモミガライト

もみ殻固形燃料製造機械

グラインドミル

モミガラのすりつぶし機能に固形燃料成形の機能が合体（すりつぶし機能のみ使用も可）。生産したモミガラ固形燃料「モミガライト」の熱量は約4000kcal／kgで同重量の薪の2倍。モミガライト生産能力は約120kg／時。本体価格 550万円、オプションのモミガラ定量気供給機などを加えると630万円

㈱トロムソ
広島県尾道市因島重井町5265
TEL 0845-24-3344

注）各メーカーのモミガラ関連機器は、ここに紹介したもの以外にもあります。
各社のホームページ（製品名や会社名で検索）などでご覧ください。

「豊蘆原　瑞穂の国」の
めぐみに感謝。

現代農業 特選シリーズ
DVDでもっとわかる 1
モミガラを使いこなす

2011年3月20日　第1刷発行
2018年4月15日　第9刷発行

編者　一般社団法人　農山漁村文化協会

発行所　一般社団法人　農山漁村文化協会
〒107-8668　東京都港区赤坂7丁目6-1
電話　03 (3585) 1141（営業）　03 (3585) 1146（編集）
FAX　03 (3585) 3668　　振替　00120-3-144478
URL　http://www.ruralnet.or.jp/

ISBN978-4-540-10306-3
〈検印廃止〉

DTP制作／㈱農文協プロダクション
印刷・製本／凸版印刷㈱
乱丁・落丁本はお取り替えいたします。